"十四五"高等职业教育规划教材

计算机网络实用技术

耿家礼　葛伟伦◎主编

中国铁道出版社有限公司
CHINA RAILWAY PUBLISHING HOUSE CO., LTD.

内 容 简 介

本书紧扣当前网络从业人员所必须掌握的基本技术技能，内容涵盖网络工程师认证所必须掌握的知识点，由长期从事计算机网络基础教学、经验丰富的一线教师采用全新的"案例驱动"和"三位一体"的思路编写而成。全书内容精练，编排循序渐进、深入浅出。每章最后按照考试大纲的要求附有一定数量的经典习题，以供学生练习和自我提升。

全书共分14章，主要内容包括：计算机网络概述、计算机网络体系结构、以太网交换技术、VLAN技术、生成树协议、PPP协议、IP协议、直连路由与静态路由、动态路由协议、RIP路由协议、OSPF路由协议、TCP/UDP协议、访问控制列表、网络服务等。本书以实际网络应用为出发点，提供了大量网络配置实例。

本书适合作为高职高专院校各专业"计算机网络基础"课程的教材，也可作为应用型本科院校的教材，还可作为网络爱好者和网络专业从业人员的自学参考书。

图书在版编目（CIP）数据

计算机网络实用技术 / 耿家礼，葛伟伦主编 . —北京：中国
铁道出版社有限公司，2021.5（2024.5 重印）
"十四五"高等职业教育规划教材
ISBN 978-7-113-27662-1

Ⅰ. ①计… Ⅱ. ①耿… ②葛… Ⅲ. ①计算机网络 - 高等职业
教育 - 教材 Ⅳ. ① TP393

中国版本图书馆 CIP 数据核字（2021）第 029426 号

书　　名：计算机网络实用技术
作　　者：耿家礼　葛伟伦

策　　划：翟玉峰　　　　　　　　　　　　　编辑部电话：(010) 51873135
责任编辑：汪　敏　包　宁
封面设计：付　巍
封面制作：刘　颖
责任校对：孙　玫
责任印制：樊启鹏

出版发行：中国铁道出版社有限公司（100054，北京市西城区右安门西街 8 号）
网　　址：https://www.tdpress.com/51eds/
印　　刷：番茄云印刷（沧州）有限公司
版　　次：2021 年 5 月第 1 版　　2024 年 5 月第 3 次印刷
开　　本：850 mm×1 168 mm　1/16　印张：13　字数：320 千
书　　号：ISBN 978-7-113-27662-1
定　　价：36.00 元

前　言

为了实现现代高等职业教育的特点和培养目标，结合地方技能型高水平大学建设，更好地贯彻"教学做一体化"和"新形态一体化"课程教学改革精神，编者在自己多年教学实践的基础上，以"理论够用、对接实践、案例驱动、方便教学"为原则编写了本书。本书概念准确、讲述详尽、实例丰富，在内容的编排上循序渐进、深入浅出，每章包含学习目标和小结，并按照教学大纲的要求附有经典习题，以供学生练习和自我检测，巩固和拓展所学的知识。

本书以华三设备作为实验设备，系统讲解了计算机网络的基础概念和原理，除了讲解必需的理论知识外，重点讲解了局域网络技术、路由交换技术和网络服务等相关实用技术。本书力求理论够用，以实际应用为目标，适合广大计算机网络学习爱好者和高职学生使用。学习完本书后，学生可以具有网络工程师水平，也可参加相关企业网络工程师（NA）认证考试，获得网络工程师证书。

本书采用全新的"实例驱动"和"三位一体"思路编写而成，具有以下特点：

1. 实例驱动，更加符合职业教育的要求

每章内容按照一个具体实例所需的知识点展开，循序渐进，当该章内容结束时，该实例即完成。这样更加符合职业教育的要求，也更加符合教学的规律和学习的规律。

2. 注重教学内容的实用性，典型实例与实用技术相融合

所精选的实例可操作性和实用性较强，并将知识点融入实例中。培养学生将所学与所用相结合，以所学为所用，培养学生发现问题、解决问题的能力。

3. 提供"立体化"教学资源，服务教学

本书配有相关的课程教学方案、电子教案、课件和实验视频等资源，以方便教师教学，更有利于学生课后的复习、巩固和提高。

本书共分14章，主要内容包括：计算机网络概述、计算机网络体系结构、以太网交换技术、VLAN技术、生成树协议、PPP协议、IP协议、直连路由与静态路由、动态路由协议、RIP路由协议、OSPF路由协议、TCP/UDP协议、访问控制列表、网络服务等。

本书由耿家礼、葛伟伦任主编，徐明伟和葛文龙参与编写。第 1 章、第 2 章、第 7 章、第14章由葛伟伦编写；第 3 章、第12章由葛文龙编写；第 4 章、第 5 章、

第 8 章、第10章、第11章、第13章由耿家礼编写；第 6 章、第 9 章由徐明伟编写。全书由张成叔审稿，耿家礼统稿和定稿。

本书是安徽省质量工程高水平高职教材建设项目（项目名称：《计算机网络实用技术》，项目编号：2018yljc299）和安徽省质量工程大规模在线开放课程（MOOC）示范项目（项目名称：《计算机网络基础》，项目编号：2019mooc535）建设的成果，得到项目建设资金的资助。

在本书的策划和出版过程中，得到了中国铁道出版社有限公司的大力支持，以及许多从事计算机基础教育的同仁的关心和帮助，在此一并表示感谢。

本书所配电子教案和教学资源均可以从中国铁道出版社有限公司网站http://www.tdpress.com/51eds/下载；或直接与编者联系索取，电子邮箱为：jlgeng@163.com。

由于编者水平有限，书中难免有疏漏和不妥之处，敬请广大读者批评指正。

编　者

2021年2月

目 录

第 1 章
计算机网络概述

本章首先讲述了计算机网络的定义、功能、分类、性能指标，概括了计算机网络的产生、发展和形成；其次分析了计算机网络的拓扑结构分类及优缺点；最后介绍了互联网的标准化工作和相关的标准化组织。

学习目标

➢理解计算机网络的定义、功能、分类。

➢理解计算机网络的性能指标。

➢了解计算机网络的形成和发展。

➢理解计算机网络的拓扑结构。

➢了解相关的互联网标准化组织。

1.1　计算机网络的基本概念

1.1.1　计算机网络的定义和功能

计算机网络是通信技术和计算机技术发展的产物。对计算机网络的定义没有统一标准，简单的定义如下：计算机网络是互联的、自治的计算机的集合。互联是指至少有两台计算机构成网络；自治是指能独立进行运算，做出逻辑判断的计算机。比较通用的定义如下：将分布在不同地理位置上的具有独立工作能力的计算机用通信设备和通信线路连接起来，并安装网络通信软件，以实现数据通信和资源共享的系统，称为计算机网络，如图1-1所示。

计算机网络的主要功能包括以下四方面，最基本的功能是资源共享和数据通信。

（1）资源共享。资源共享是人们建立计算机网络的主要目的之一。计算机资源包括硬件资源、软件资源和数据资源。可共享的硬件资源包括高性能计算机、大容量存储器、打印机、图形设备、通信线路、通信设备等。硬件资源的共享可以提高设备的利用率，避免设备的重复投资，节约开支。可共享的软件资源包括大型专用软件、各种网络应用软件、各种信息服务软件等。共享软件允许多个用户同时使用，并能保持数据的完整性和一致性，软件版本的升级修改，只要在服务器上进行，全网用户都可立即享受。可共享的数据资源包括搜索与查询的信息、Web服务器上的主页及各种链接、各种各样的电子出版物、消息、报告、广告、网上大学、网上图书馆等。

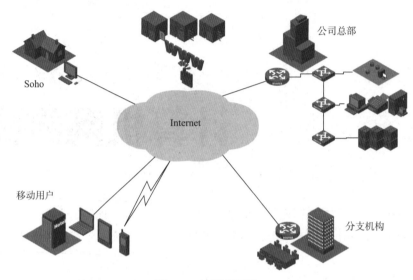

图 1-1　计算机网络

（2）数据通信。通信是计算机网络的基本功能之一，它可以为网络用户提供强有力的通信手段。建设计算机网络的主要目的就是让分布在不同地理位置的计算机用户能够相互通信、交流信息。计算机网络可以传输文本、声音、图像、视频等多媒体信息。利用网络的通信功能，可以发送电子邮件、打电话、举行视频会议等。

（3）负载均衡与分布处理。负载均衡与分布处理是指当计算机网络中的某个计算机系统负荷过重时，可以将其处理的任务传送到网络中的其他计算机系统中，以提高整个系统的利用率。对于大型的、综合性的科学计算和信息处理，可以通过适当的算法，将任务分散到网络中不同的计算机系统上进行分布式的处理，如通过因特网中的计算机分析地球以外空间的声音信息等。

（4）系统的可靠性。系统的可靠性对于军事、金融和工业过程控制等部门的应用特别重要。计算机通过网络中的冗余部件可大大提高可靠性。例如，在工作过程中，一台机器出了故障，可以使用网络中的另一台机器继续完成工作；网络中一条通信线路出了故障，可以取道另一条冗余线路，从而提高网络整体系统的可靠性。

1.1.2　计算机网络的分类

计算机网络的分类方式有很多种，可以按覆盖地理范围、传输介质等进行分类。

1.按覆盖地理范围分类

按覆盖地理范围分类，计算机网络可分为个域网（Personal Area Network，PAN）、局域网（Local Area Network，LAN）、城域网（Metropolitan Area Network，MAN）和广域网（Wide Area Network，

WAN）。

（1）个域网：一种覆盖范围较小的网络，不超过10 m，允许设备围绕一个人进行通信。例如，计算机通过蓝牙和手机、耳机、手环等相连，这就是个域网。个域网往往由一个设备作为主设备，其他从设备可以与主设备通信，也可以互相通信。

（2）局域网：地理覆盖范围一般为几十米、几百米到几千米，属于小范围的网络。例如，一个建筑物内、一个学校内、一个工厂内的网络。局域网的组建简单、灵活，使用方便，一般由单位自己出资建设。

（3）城域网：地理范围可从几十千米到上百千米，可覆盖一个城市或地区，是一种中等规模的网络。

（4）广域网：连接地理范围较大，为几十千米到几千千米，常常是一个国家或地区，其目的是把分布较远的各局域网互联起来。广域网主要是通信网，把分布在不同位置的独立网络互联起来。

2.按传输介质分类

传输介质是指数据传输系统中发送装置和接收装置间的物理媒体。按传输介质分类，计算机网络可分为有线网和无线网两大类。

（1）有线网：传输介质采用有线介质连接的网络。常用的有线传输介质有双绞线和光纤。

双绞线由两根绝缘金属线互相缠绕而成，缠绕可抵消相邻线对之间的信号干扰。这样的一对线作为一条通信线路，由四对双绞线构成双绞线电缆。双绞线点到点的通信距离一般不超过100 m。当前，计算机网络上使用的双绞线按其传输速率分为三类线、五类线、六类线、七类线，传输速率为10～1 000 Mbit/s。双绞线电缆的连接器一般为RJ-45水晶头，如图1-2所示。

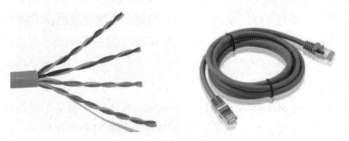

图 1-2　双绞线和网线

光纤通常也称光缆。光纤通信中传输的信号是光信号。光纤内部主要由纤芯、包层和涂覆层构成，如图1-3所示。纤芯和包层主要由两层折射率不同的材料组成，内层是具有高折射率的玻璃单根纤维体，外层包一层折射率较低的材料，从而通过全反射减少光能量损耗实现光在光纤中的传输，如图1-4和图1-5所示。

图 1-3　光纤内部结构图

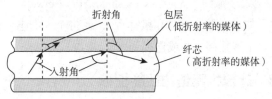

图 1-4　光全反射原理

　　光纤的传输形式包括单模传输和多模传输。单模传输性能优于多模传输。光纤分为单模光纤和多模光纤，如图1-6所示。从作用上来讲，多模光纤可以传输多种模式的光，单模光纤只能传输一种模式的光；从外观上来讲，多模光纤中间芯线较粗，单模光纤中间芯线较细，多模光纤直径约为50 μm，单模光纤直径约为10 μm；从传输距离来讲，多模光纤传输的距离比较近，一般只有几千米，单模光纤传输距离就远得多，通常可以达到多模光纤的几十倍；从价格上来讲，单模光纤的价格比多模光纤的价格要贵一些。

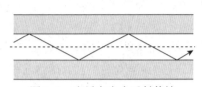

图1-5　光纤中光全反射传输

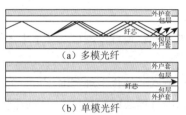

（a）多模光纤

（b）单模光纤

图1-6　单模和多模光纤

　　光纤传输的优点有通信容量大，传输距离远；抗电磁干扰，传输质量佳；光纤尺寸小、质量小，便于敷设和运输；材料来源丰富，环境保护好，有利于节约有色金属铜；无辐射，难于窃听，因为光纤传输的光波不能跑出光纤以外；光缆适应性强，寿命长。

　　（2）无线网：利用电磁波信号的有限频段和无线设备组成的网络。无线网与有线网最大的不同在于用信号在自由空间的传播取代信号在导向媒体中的传输。无线网可以作为有线网的补充和进一步延伸，扩大网络的延伸范围，方便移动终端或主机随时随地接入网络，也便于在不易部署有线网络的环境下，或急需临时部署网络的需求下，迅速快捷地组建无线网，实现更大范围的网络资源共享。无线网根据覆盖范围可分为无线广域网、无线城域网、无线局域网和无线个域网。

　　① 无线广域网（Wireless Wide Area Network，WWAN）进一步扩展了无线网的范围，覆盖范围更大，提供更方便和灵活的无线接入服务。GSM网络、卫星网络、3G/4G/5G网络，以及符合IEEE 802.20协议的无线网均为无线广域网。

　　② 无线城域网（Wireless Metropolitan Area Network，WMAN）覆盖整个城市的无线网络，为个人用户和不同规模的企业网络提供接入服务。其可以满足无线宽带高速接入的市场需求，解决城域网最后一公里接入问题，代替电缆、光纤等有线接入。WMAN使用的标准是IEEE 802.16系列协议，也称WiMax（World Interoperability for Microwave Access），即全球微波接入互操作性。

　　③ 无线局域网（Wireless Local Area Network，WLAN）作为有线局域网的补充和进一步延伸，方便移动终端或移动主机随时随地接入互联网。无线信号一般为2.4 GHz频率范围，或工作在5 GHz频段，此频段各国频率范围规定不一。信号覆盖范围为几米、几十米到几千米。

　　④ 无线个域网（Wireless Personal Area Network，WPAN）通过使用短距离通信的信号，连接PC各部件（如显示器、键盘和鼠标等），或将个人的电子设备（如手机、相机、耳机、音箱、扫描仪、打印机等）连接起来，或连接到PC。

1.1.3　计算机网络的性能指标

　　性能指标从不同的方面来衡量计算机网络的性能和通信状态。

1.速率

计算机发送出的信号都是数字形式的。比特（bit）是计算机中数据量的基本单位，也是信息论中使用的信息量单位。bit源于binary digit，意为一个二进制数字，因此一个比特就是二进制数字中的一个1或0。网络中的速率是指连接在计算机网络上的主机在数字信道上发送数据的速率，也称数据率或者比特率。速率的基本单位是bit/s，意为比特每秒。更常用的数据传输速率单位还有：

千比特每秒，即 kbit/s，1 kbit/s=10^3 bit/s。

兆比特每秒，即 Mbit/s，1 Mbit/s=10^6 bit/s。

吉比特每秒，即 Gbit/s，1 Gbit/s=10^9 bit/s。

太比特每秒，即 Tbit/s，1 Tbit/s=10^{12} bit/s。

注意：表示一个具体的数据量或存储量时KB、MB、GB、TB换算关系如下，其中B是指字节。

1 KB = 2^{10} B= 1 024 B。

1 MB= 2^{20} B。

1 GB = 2^{30} B。

1 TB = 2^{40} B。

2.带宽

带宽本质上包含以下两种含义：

（1）带宽本来指某个信号具有的频带宽度。信号的带宽是指该信号所包含的各种不同频率成分所占据的频率范围。例如，在传统的通信线路上传送的电话信号的标准带宽为3.1 kHz，从300 Hz到3.4 kHz，即声音的主要成分的频率范围。在以前通信的主干线路传送的是模拟信号，即连续变化的信号，因此表示通信线路允许通过的信号频带范围即为线路的带宽。

（2）在计算机网络中，带宽用来表示网络的通信线路所能传送数据的能力，因此网络带宽表示在单位时间内从网络的某一点到另一点所能通过的"最高数据量"。这种意义的带宽的单位是bit/s、kbit/s、Mbit/s、Gbit/s等。

3.吞吐量

吞吐量（Throughput）表示在单位时间内通过某个网络或信道、接口的数据量。吞吐量经常用于对现实世界中网络的一种测量，以便知道实际上到底有多少数据量能够通过网络。显然，吞吐量受网络带宽或网络额定速率的限制。例如，对于一个100 Mbit/s的以太网，其额定速率为100 Mbit/s，这个数值也是该以太网吞吐量的绝对上限值。100 Mbit/s的以太网，其典型的吞吐量可能只有70 Mbit/s。

4.时延

（1）发送时延：主机或路由器发送数据需要的时间。

（2）传播时延：电磁波在信道中传播一定距离需要的时间。

（3）处理时延：主机或者路由器接收到分组时进行处理的时间。

（4）排队时延：分组传输进入主机或者路由器时可能路由器正在处理其他分组，故可能需要等待的时间。

$$总时延 = 发送时延 + 传播时延 + 处理时延 + 排队时延$$

用火车进行类比：发送时延为火车头开始出站到火车全部出站的时间，传播时延为从这一站到下一站路途中所有时间，处理时延为每一站火车停靠上下乘客的时间，排队时延为火车进站时可能有其他火车在进站，因此可能需要排队的时间。

1.1.4　网络接口卡

网络接口卡又称网络适配器，简称网卡，是计算机或网络设备连接网络的一个接口，通过网卡进行数据的发送和接收。网卡需要安装驱动程序才能工作。网卡具有地址，网卡地址又称硬件地址、物理地址或介质访问控制（Media Access Control，MAC）地址。MAC地址直接烧入在网卡中，是计算机在网络中的标识符，每个MAC地址都是全球唯一的。

1.网卡发送和接收数据

网卡发送数据前，在数据首部写入源主机的MAC地址，同时加上目的主机的MAC地址。

接收主机网卡收到数据，首先检查数据中含有的目的网卡地址，然后做出以下处理：

（1）如等于本主机的MAC地址，则收下数据交给上层应用程序处理。

（2）如果是广播地址，则收下数据交给上层应用程序处理。

（3）如果不满足上面条件，则直接丢弃数据。

2.网卡的分类

（1）按接口类型分类：PCI总线网卡、PCMCIA网卡（笔记本计算机专用）和USB（Universal Serial Bus）网卡。

（2）按有线和无线分：无线网卡和有线网卡。

（3）按网卡传输速率分类：10 Mbit/s网卡、100 Mbit/s网卡和1 000 Mbit/s网卡，以及更高传输速率的网卡。

1.1.5　计算机网络的形成和发展

计算机网络的形成与发展经历了以下阶段。

1.早期的计算机网络

自从有了计算机，就有了计算机技术与通信技术的结合。早在1951年，美国麻省理工学院林肯实验室就开始为美国空军设计称为SAGE的半自动化地面防空系统，该系统最终于1963年建成，被认为是计算机和通信技术结合的先驱。

计算机通信技术应用于民用系统方面，最早的当数美国航空公司与IBM公司在20世纪50年代初开始联合研究、于60年代初投入使用的飞机订票系统。美国通用电气公司的信息服务系统则是世界上最大的商用数据处理网络，其地理范围从美国本土延伸到欧洲、澳洲和亚洲的日本。该系统于1968年投入运行，具有交互式处理和批处理能力，由于地理范围大，可以利用时差达到资源的充分利用。

在这一类早期的计算机通信网络中，为了提高通信线路的利用率并减轻主机的负担，已经使用了多点通信线路、终端集中器及前端处理机等现代通信技术。这些技术对以后计算机网络的发展有着深刻的影响。以多点线路连接的终端和主机间的通信建立过程，可以用主机对各终端轮询或是由各终端连接成雏菊链的形式实现，这是最早期的面向终端的计算机网络，终端没有自处理与运算能力，只能实现基本的输入/输出功能。

2.现代计算机网络的发展

20世纪60年代中期出现了大型主机，同时出现了对大型主机资源远程共享的要求。以程控交换为特征的电信技术的发展为这种远程通信需求提供了实现的手段。现代意义上的计算机网络是从1969年美国国防部高级研究计划局建成的ARPAnet实验网开始的。该网络当时只有4个节点，以电话线路作为主干通信网络，随着节点数增加，ARPAnet的规模不断扩大。20世纪70年代后期，网络节点超过60个，主机100多台，地理范围跨越了美洲大陆，连通了美国东部和西部的许多大学和研究机构，而且通过通信卫星与夏威夷和欧洲地区的计算机网络相互连通。ARPAnet的主要特点是资源共享、分散控制、分组交换、采用专门的通信控制处理机和分层的网络协议，这些特点被认为是现代计算机网络的一般特征。

20世纪70年代中后期是广域通信网大发展的时期。各发达国家的政府部门、研究机构和电报电话公司都在发展分组交换网络。例如，英国邮政局的公用分组交换网络、法国信息与自动化研究所的分布式数据处理网络、加拿大的公用分组交换网及日本电报电话公司的公用数据网等。这些网络都以实现计算机之间的远程数据传输和信息共享为主要目的，通信线路大多采用租用电话线路，少数铺设专用线路，数据传输速率为50 kbit/s左右。这一时期的网络称为第二代网络，以远程大规模互联为其主要特点。

3.计算机网络标准化阶段

经过20世纪六七十年代前期的发展，人们对组网的技术、方法和理论的研究日趋成熟。为了促进网络产品的开发，各大计算机公司纷纷制定自己的网络技术标准。IBM首先于1974年推出了该公司的系统网络体系结构（System Network Architecture，SNA），为用户提供能够互联互通的成套通信产品；1975年，DEC公司宣布了自己的数字网络体系结构（Digital Network Architecture，DNA）；1976年，UNIVAC宣布了该公司的分布式通信体系结构（Distributed Communication Architecture，DCA），这些网络技术标准只是在一个公司范围内有效，遵从某种标准的、能够互联的网络通信产品，只是同一公司生产的同构型设备。网络通信市场这种各自为政的状况使得用户在投资方向上无所适从，也不利于多厂商之间的公平竞争。1977年，国际标准化组织（ISO）的信息处理系统技术委员会开始着手制定开放系统互连（Open System Interconnect，OSI）参考模型。作为国际标准，OSI规定了可以互联的计算机系统之间的通信协议，遵从OSI协议的网络通信产品都是"开放系统"。今天，几乎所有的网络产品厂商都声称自己的产品是开放系统，不遵从国际标准的产品逐渐失去了市场。这种统一的、标准化产品互相竞争的市场进一步促进了网络技术的发展。

4.微型机局域网的发展时期

20世纪80年代初期出现了微型计算机，这种更适合办公室环境和家庭使用的新机种对社会生活的各个方面都产生了深刻的影响。1972年，Xerox公司发明了以太网技术，以太网与微型机的结合使得微型机局域网得到了快速的发展。在一个单位内部的微型计算机和智能设备互相连接起来，提供了办公自动化的环境和信息共享的平台。1980年2月，IEEE组织了一个802委员会，开始制定局域网标准。局域网的发展道路不同于广域网，局域网厂商从一开始就按照标准化、互相兼容的方式展开竞争。用户在建设自己的局域网时选择面更宽，设备更新更快。

5.国际因特网的发展时期

1985年美国国家科学基金会（National Science Foundation，NSF）利用ARPAnet协议建立了用于科学研究和教育的主干网络NSFnet。1990年，NSFnet代替ARPAnet成为美国国家主干网，并且走出了大学和研究机构，进入了社会。从此，网上的电子邮件、文件下载和消息传输受到越来越多人的欢迎并被广泛使用。1992年Internet学会成立，该学会把Internet定义为"组织松散的、独立的国际合作互联网络"，"通过自主遵守计算协议和过程支持主机对主机的通信"。1993年，美国伊利诺伊大学国家超级计算中心开发成功了网上浏览工具Mosaic，后来发展成Netscape，使得各种信息都可以方便地在网上交流。浏览工具的实现引发了Internet发展和普及的高潮。上网不再是网络操作人员和科学研究人员的专利，而成为一般人进行远程通信和交流的工具。在这种形势下，美国总统克林顿于1993年宣布正式实施国家信息基础设施（National Information Infrastructure, NII）计划，从此在世界范围内展开争夺信息化社会领导权和制高点的竞争。与此同时，NSF不再向Internet注入资金，使其完全进入商业化运作。20世纪90年代后期，Internet以惊人的速度发展，网上的主机数量、上网人数、网络的信息流量每年都在快速增长。

1.2　计算机网络拓扑结构

1.2.1　计算机网络拓扑结构的定义

计算机网络拓扑结构是指网络中的计算机或设备与传输媒介形成的节点与线的物理连通模式。网络的节点有两类：一类是转换和交换信息的转接节点，包括路由器、节点交换机、集线器和终端控制器等；另一类是资源节点或访问节点，包括计算机主机和终端等。线则代表各种传输媒介，包括有形的和无形的。

1.2.2　计算机网络拓扑结构的分类

计算机网络的拓扑结构主要有星状拓扑、总线拓扑、环状拓扑、树状拓扑、网状拓扑和混合拓扑。

1.星状拓扑

星状拓扑是由中央节点和通过点到点通信链路接到中央节点的各个站点组成。中央节点执行集中式通信控制策略，因此中央节点相当复杂，而各个站点的通信处理负担都很小，如图1-7所示。

（1）星状拓扑的优点：

①结构简单，连接方便，管理和维护都相对容易，而且扩展性强。

②网络延迟时间较短，传输误差低。

③在同一网段内支持多种传输介质，除非中央节点出现故障，否则网络不会轻易瘫痪。

④每个节点直接连到中央节点，故障容易检测和隔离，可以很方便地排除有故障的节点。

因此，星状网络拓扑结构是目前应用最广泛的一种网络拓扑结构。

（2）星状拓扑的缺点：

① 安装和维护的费用较高。

② 共享资源的能力较差。

③ 一条通信线路只被该线路上的中央节点和边缘节点使用，通信线路利用率不高。

④ 对中央节点要求相当高，一旦中央节点出现故障，则整个网络将瘫痪。

2.总线拓扑

总线拓扑结构采用一个信道作为传输媒体，所有站点都通过相应的硬件接口直接连到这一公共传输媒体上，该公共传输媒体即称为总线。任何一个站发送的信号都沿着传输媒体传播，而且能被所有其他站所接收，如图1-8所示。

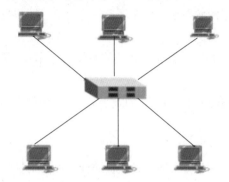

图 1-7　星状拓扑

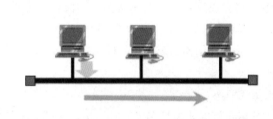

图 1-8　总线拓扑

因为所有站点共享一条公用的传输信道，所以一次只能由一个设备传输信号。通常采用分布式控制策略来确定哪个站点可以发送。发送时，发送站将报文分成分组，然后逐个依次发送这些分组，有时还要与其他站来的分组交替地在媒体上传输。当分组经过各站时，其中的目的站会识别到分组所携带的目的地址，然后复制这些分组的内容。

（1）总线拓扑的优点：

① 总线结构所需要的电缆数量少，线缆长度短，易于布线和维护。

② 总线结构简单，有较高的可靠性。传输速率高，可达1~100 Mbit/s。

③ 易于扩充，增加或减少用户比较方便，结构简单，组网容易，网络扩展方便。

④ 多个节点共用一条传输信道，信道利用率高。

（2）总线拓扑的缺点：

① 总线的传输距离有限，通信范围受到限制。

② 故障诊断和隔离较困难。

③ 分布式协议不能保证信息的及时传送，不具有实时功能。站点必须是智能的，要有媒体访问控制功能，从而增加了站点的硬件和软件开销。

3.环状拓扑

在环状拓扑中各节点通过环路接口连在一条首尾相连的闭合环状通信线路中，在环路中有一个令牌，环路上任何节点想要发送信息，一般通过请求令牌来获得发送数据的权利，避免了冲突。环状网中的数据传输可以是单向也可以是双向传输。由于通信线路公用，一个节点发出的信息必须穿越环中所有的环路接口，信息流中目的地址与环上某节点地址相符时，信息被该节点的环路接口所接收，而后信息继续流向下一环路接口，一直流回到发送该信息的环路接口节点为止，如图1-9所示。

（1）环状拓扑的优点：

① 电缆长度短。环状拓扑网络所需的电缆长度和总线拓扑网络相似，但比星状拓扑网络要短得多。

②增加或减少工作站时，仅需简单的连接操作。

③可使用光纤。光纤的传输速率很高，十分适合于环状拓扑的单方向传输。

（2）环状拓扑的缺点：

① 节点的故障会引起全网故障。这是因为环上的数据传输要通过接在环上的每一节点，一旦环中某一节点发生故障就会引起全网的故障。

② 故障检测困难。这与总线拓扑相似，因为不是集中控制，故障检测需在网上各个节点进行，因此不很容易。

③ 环状拓扑结构的媒体访问控制协议都采用令牌传递的方式，在负载很轻时，信道利用率相对来说比较低。

4.树状拓扑

树状拓扑可以认为是多级星状结构构成的总线拓扑，只不过这种多级星状结构自上而下呈三角形分布，就像一棵树一样，最顶端的枝叶少些，中间的枝叶多些，而最下面的枝叶最多。树的最下端相当于网络中的边缘层，树的中间部分相当于网络中的汇聚层，而树的顶端则相当于网络中的核心层。它采用分级的集中控制方式，其传输介质可有多条分支，但不形成闭合回路，每条通信线路都必须支持双向传输，如图1-10所示。

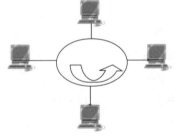

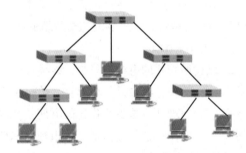

图 1-9　环状拓扑　　　　　　　　图 1-10　树状拓扑

（1）树状拓扑的优点：

① 易于扩展。这种结构可以延伸出很多分支和子分支，这些新节点和新分支都能容易地加入网内。

② 故障隔离较容易。如果某一分支的节点或线路发生故障，很容易将故障分支与整个系统隔离开。

（2）树状拓扑的缺点：

各个节点对根的依赖性太大，如果根发生故障，则全网不能正常工作。从这一点来看，树状拓扑结构的可靠性有点类似于星状拓扑结构。

5.网状拓扑

这种结构在广域网中得到了广泛的应用，它的优点是不受瓶颈问题和失效问题的影响。由于节点之间有许多条路径相连，可以为数据流的传输选择适当的路由，从而绕过失效的部件或过忙的节点。这种结构虽然比较复杂，成本也比较高，实现功能的网络协议也较复杂，但由于它的可靠性高，仍然受到用户的欢迎，如图1-11所示。

（1）网状拓扑的优点：

① 节点间路径多，碰撞和阻塞减少。

② 局部故障不影响整个网络，可靠性高。

（2）网状拓扑的缺点：

① 网络关系复杂，建网较难，不易扩充。

② 网络控制机制复杂，必须采用路由算法和流量控制机制。

6.混合拓扑

常用的混合拓扑是星状环拓扑。星状环拓扑是将星状拓扑和环状拓扑混合起来的一种拓扑，试图取这两种拓扑的优点于一个系统中，克服了典型的星状和典型的环状两种拓扑的不足和缺陷。这种拓扑的配置是内置一批接在环上的连接集中器，实际组网可由安装在楼内各层的配线架组成，从每个集中器按星状结构接至每个用户站上，如图1-12所示。

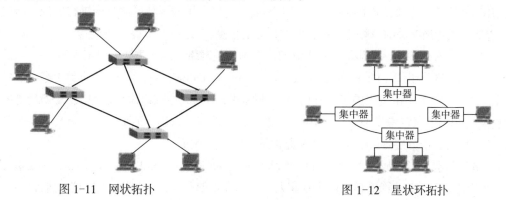

图 1-11 网状拓扑　　　　　　　　图 1-12 星状环拓扑

星状环拓扑的优点是故障诊断和隔离容易；缺点是需要智能的集中器，电缆安装时，电缆长，安装不方便等。

拓扑结构的选择往往与传输媒体的选择及媒体访问控制方法的确定紧密相关。在选择网络拓扑结构时，应该考虑的主要因素有下列几点：

① 可靠性。尽可能提高可靠性，以保证所有数据流能准确接收；还要考虑系统的可维护性，使故障检测和故障隔离较为方便。

② 费用。建网时需考虑适合特定应用的信道费用和安装费用。

③ 灵活性。需要考虑系统在今后扩展或改动时，能容易地重新配置网络拓扑结构，能方便地处理原有站点的删除和新站点的加入。

④ 响应时间和吞吐量。要为用户提供尽可能短的响应时间和最大的吞吐量。

1.3 计算机网络的标准化工作及相关组织

计算机网络的标准化对计算机网络的发展和推广起到了极为重要的作用。因特网的所有标准都以RFC（Request For Comments，请求评论）的形式在因特网上发布。所有的RFC文档都可从因特网上免费下载。但应注意，并非所有的RFC文档都是因特网标准，只有一小部分RFC文档能变成因特网标准。RFC按收到时间的先后从小到大编上序号，即RFC xxxx，这里的xxxx是阿拉伯数字。一个RFC文档更新后就使用一个新的编号，并在文档中指出原来老编号的RFC文档已成为陈旧的。例如，2008年5月公布了因特网正式协议标准RFC 5000，此文档注明了以前的文档RFC 3700已成为陈旧的。现有的RFC文档中有不少已变为陈旧的，在参考时应当注意。

RFC要上升为因特网正式标准需经过以下3个阶段：

（1）因特网草案（Internet Draft）：这个阶段还不是RFC文档。因特网草案的有效期只有6个月。只有到了建议标准阶段才以RFC文档形式发表。

（2）建议标准（Proposed Standard）：从这个阶段开始称为RFC文档。

（3）因特网标准（Internet Standard）：达到正式标准后，每个标准分配到一个编号STD xx。一个标准可以和多个RFC文档关联。

除了建议标准和因特网标准两种RFC文档之外，还有3种RFC，即历史的、实验的和提供信息的。历史的RFC或者被后来的规约所取代，或者从未到达必要的成熟等级因而未变成为因特网标准。实验的RFC表示其工作属于正在实验的情况，不能在任何实用的因特网服务中进行实现。提供信息的RFC包括与因特网有关的一般的、历史的或指导的信息。

在国际上，有众多的标准化组织负责制定、实施相关网络标准。主要有以下几种：

（1）国际标准化组织（International Organization for Standardization，ISO）是世界上最著名的国际标准组织之一，它主要由美国国家标准协会和其他国家的国家标准组织代表组成。ISO最主要的贡献是建立了OSI的七层参考模型。在OSI中，任意两台终端即可以进行通信，而不必理会各自不同的体系结构。作为一个分层协议的典型，OSI经常被人们学习研究。

（2）电气与电子工程师学会（Institute of Electrical and Electronics Engineers，IEEE）是世界上最大的专业组织之一。由计算机和工程学专业人士组成。它创办了许多刊物，定期举行研讨会，还有一个专门负责制定标准的下属机构。IEEE在通信领域最著名的研究成果是802协议族的定义，802协议族主要用于定义局域网标准。

（3）美国国家标准协会（American National Standards Institute，ANSI）是一个非政府部门的私人机构，其成员包括制造商、用户和其他相关企业。ANSI标准广泛存在于各个领域。例如，光纤分布式数据结构（FDDI）就是一个适用于局域网光纤通信的ANSI标准；美国标准信息交换码（ASCII）则是用来规范计算机内的信息存储的。

（4）国际电信联盟（International Telecommunications Union，ITU），其前身是国际电报电话咨询委员会。ITU是一家联合国机构，共分为三个部门：ITU-R负责无线电通信；ITU-D是发展部门；ITU-T负责电信。ITU的成员包括各种各样的研究机构、工业组织、电信组织、电话通信方面的权威人士，还有ISO。ITU已经制定了许多网络和电话通信方面的标准，如V系列建议和X系列建议。V系列建议针对电话通信，这些建议定义了调制解调器如何产生和解释模拟电话信号；X系列建议针对网络接口和公用网络，如X.25建议定义了分组交换网络的接口标准，X.400建议针对电子邮件系统。当然还有许多其他的X建议和V建议。

（5）电子工业协会（Electronic Industries Association，EIA）成员包括电子公司和电信设备制造商，它也是ANSI的成员。EIA主要定义了设备间的电气连接和数据的物理传输，也就是常用的网络连接线缆的标准，如最广为人知的标准RS-232或称EIA-232，它已成为大多数PC与调制解调器或打印机等设备通信的规范。

（6）因特网工程特别任务组（Internet Engineering Task Force，IETF）是一个国际性团体。其成员包括网络组织设计者、制造商、研究人员及所有对因特网的正常运转和持续发展感兴趣的个人或组织。它分为几个工作组，分别处理因特网的应用、实施、管理、路由、安全和传输服务等不同方面的技术问题。这些工作组同时承担着各种规范加以改进发展，使之成为因特网标准的任务。IETF的一个重要成果就是对下一代国际协议的研究发展。

IETF成立于1985年底，是因特网最具权威的技术标准化组织，主要任务是负责因特网相关技术规范的研发和制定，当前绝大多数因特网技术标准出自IETF。IETF提出的很多协议都以RFC文档形式存在，可以在IETF上下载RFC文档，网址为http://www.ietf.org/。

RFC为一系列与网络相关的标准文档，无疑RFC中的协议是最为广泛的。RFC几乎包含了关于Internet的所有重要的文字资料。如果想成为网络方面的专家，RFC无疑是最重要也是最经常需要用到的资料之一。

小　结

◇ 计算机网络把不同位置的具有独立运算能力的计算机用网络设备和传输介质互联起来，主要用于数据通信和资源共享。

◇ 计算机网络基于覆盖地理范围可分为PAN、LAN、MAN和WAN；基于完成的功能可分为资源子网和通信子网。

◇ 计算机网络性能指标用于衡量网络的通信性能和状态监控，主要有数据传输速率、带宽、吞吐量和时延。

◇ 计算机网络是通信技术和计算机技术相结合的产物。从早期的面向终端的计算机网络，到美国的ARPAnet实验计算机网络产生，到现在形成的覆盖全球的因特网。

◇ 计算机网络的拓扑结构主要反映了网络的连接形状和连通性，主要有总线拓扑、星状拓扑、环状拓扑、树状拓扑、网状拓扑和混合拓扑。

习　题

一、选择题

1. 计算机网络互联的目的（　　　）。

    A. 存储容量大   B. 资源共享

    C. 运算速度快   D. 运算速度

2. 1 Mbit/s=（　　　）kbit/s。

A. 2^{20} B. 2^{10} C. 10^6 D. 10^3

3. 1 MB=（   ）B。

A. 2^{20} B. 2^{10} C. 10^6 D. 10^3

4. 以下网络资源属于硬件共享资源的是（   ）。

A. 工具软件 B. 数据 C. 通信信道 D. 打印机

5. 关于计算机网络，说法正确的是（   ）。

A. 网络就是计算机的集合

B. 网络可提供远程用户共享网络资源，但可靠性差

C. 网络是计算机技术和通信技术相结合的产物

D. 当今世界上规模最大的网络是 LAN

6. 在（   ）结构中，网络的中心节点是主节点，它接收分散节点的信息再转发给相应节点。

A. 环状拓扑 B. 网状拓扑 C. 树状拓扑 D. 星状拓扑

7. 计算机网络中广域网和局域网的分类划分依据是（   ）。

A. 交换方式 B. 覆盖地理范围 C. 传输方式 D. 拓扑结构

8. 世界上第一个真正意义上的网络，在计算机网络发展过程中对计算机网络的形成与发展影响最大的是（   ）。

A. ARPAnet B. ChinaNet C. Telnet D. Cernet

二、简答题

1. 计算机网络的分类有哪些？

2. 计算机网络是怎么形成和发展的？

3. 互联网的标准是怎么形成的？

第 2 章
计算机网络体系结构

本章首先分析了计算机网络体系结构的提出动机，并结合日常生活中的邮政系统介绍了体系结构设计的理念，解释了相关的基本概念和标准。其次讲述了计算机网络体系结构的分层原理及其重要的组成部分协议。最后重点分析了OSI七层体系结构模型和TCP/IP四层体系结构模型，并对每种体系结构中的各层任务、功能、协议及区别等做了进一步的阐述，以加深对计算机网络体系结构分层模型的理解。

学习目标

➢理解计算机网络体系结构的必要性和设计思想。

➢理解计算机网络体系结构的标准。

➢理解计算机网络体系结构中的协议。

➢理解OSI七层网络体系结构模型和TCP/IP四层体系结构模型的区别。

➢理解OSI七层网络体系结构各层的任务、功能和协议。

➢理解TCP/IP四层网络体系结构各层的任务、功能和协议。

2.1 计算机网络体系结构的必要性

众所周知，计算机网络是个非常复杂的系统。例如，连接在网络上的两台计算机需要进行通信时，由于计算机网络的复杂性和异质性，需要考虑很多复杂的因素：

（1）这两台计算机之间必须有一条传送数据的通路。

（2）告诉网络如何识别接收数据的计算机。

（3）发起通信的计算机必须保证要传送的数据能在这条通路上正确发送和接收。

（4）对出现的各种差错和意外事故，如数据传送错误、网络中某个节点交换机出现故障等问题，应该有可靠完善的措施保证对方计算机最终能正确收到数据。

计算机网络体系结构标准的制定正是为了解决这些问题，从而让两台计算机或网络设备之间能够像两个知心朋友那样能够互相准确地理解对方的意思并做出正确的回应。也就是说，要想完成这种网络通信，必须保证相互通信的这两个计算机系统达成高度默契。事实上，在网络通信领域，两台计算机或网络设备之间的通信并不像人与人之间的交流那样自然天然，这种计算机间高度默契的通信背后需要十分复杂、完备的网络体系结构作为支撑。那么，用什么方法才能合理地组织网络的结构，以保证其具有结构清晰、设计与实现简化、便于更新和维护、较强的独立性和适应性，从而使网络设备之间具有这种"高度默契"呢？

答案是分而治之，更进一步地说就是分层思想。

2.2　计算机网络体系结构设计的基本思想

分而治之的思想正好可以解决上面提到的这个复杂的问题。也就是说，可以将这个庞大而复杂的问题转化为若干较小的、容易处理的、单一的局部问题，然后在不同层次上予以解决，这也就是分层思想。在计算机网络体系结构中，分层思想的内涵就是每层在依赖自己下层所提供的服务的基础上，通过自身内部功能实现一种特定的服务。

1.分层思想在日常生活中的应用

在日常生活中有很多分层思想的应用，如邮政系统、银行系统等。下面以邮政系统的组织结构为例进行说明，如图2-1所示。从图中可以看出，用户和用户之间的通信依赖于下层的服务，但是并不需要关心快递、运输等细节，也就是说，寄信者只需将写好的信交给快递员而收信者只需从快递员手中查收信件即可。类似地，快递员只需要从寄信人手中拿到信件并交给分拣员或将信件从分拣员手中拿走并交给收信人即可。至于分拣员为何要把这份信交给他进行投递，事实上，每个快递员会负责某个片区，分拣员根据收信人地址将信件分发给不同的快递员，快递员不需要关心也没必要关心。显然，在这个邮政系统中，各个角色在功能上相互独立却又能协调合作达成一种"高度默契"，这在很大程度上得益于分层思想的理念和应用。图2-2所示为邮政系统体系结构分层模型。

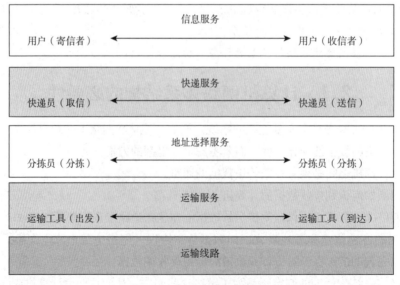

图 2-1　邮政系统组织结构

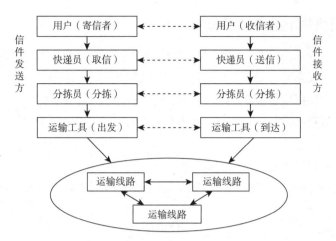

图 2-2　邮政系统体系结构分层模型

此外，日常使用的操作系统也是分层思想的实践者。一般对于一个庞大而又复杂的系统（如银行系统、邮政系统等）而言，必定存在着对分层思想的应用。

2.分层思想的优点

（1）耦合度低、独立性强。上层只需通过下层为上层提供的服务接口来使用下层所实现的服务，而不需要关心下层功能的具体实现过程。也就是说，下层对上层而言就是具有一定功能的黑箱。

（2）适应性强。只要每层为上层提供的服务和接口不变，每层的实现细节可以任意改变，便于后期维护和更新。

（3）易于实现和维护。把复杂的系统分解成若干涉及范围小且功能简单的子单元，从而使得系统结构清晰，实现、调试和维护都变得简单和容易。也就是说，对于设计和开发人员而言，这种方法使设计和开发人员能够专心设计和开发他们所关心的功能模块，也方便调试和维护人员去处理他们所负责的功能模块。

2.3　计算机网络体系结构分层的原理

2.3.1　计算机网络体系结构分层的基本概念

在介绍网络体系结构的分层原理前，有必要先了解以下几个基本概念。

（1）实体：任何可以发送和接收信息的软硬件进程。

（2）对等层：两个对端系统的同一层次。

（3）对等实体：分别位于不同端系统对等层的两个实体。

（4）接口：上层使用下层所提供的功能方式。

（5）服务：某一层及其以下各层所完成的功能，通过接口提供给相邻的上层。

（6）协议：通信双方在通信过程中必须遵循的规则和约定。

2.3.2 计算机网络体系结构分层模型

计算机网络体系结构可按照图2-3中的层次结构模型来组织，该模型具有以下特点：

（1）同一网络中，任意两个端系统必须具有相同的层次。

（2）每层使用其下层提供的服务，并向其上层提供服务。

（3）通信只在对等层间进行。这里所指的通信是间接的、逻辑的、虚拟的，非对等层之间不能互相"通信"。

（4）实际的物理通信只在底层通过传输介质完成。

（5）P_n代表第n层的协议，即第n层对等实体间通信时必须遵循的规则或约定。

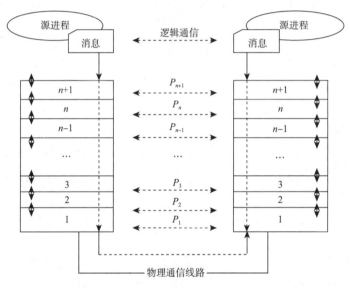

图 2-3　系统通用分层结构模型

2.3.3 对等层通信的实质

在逻辑上，网络分层体系结构原理允许不同主机的对等实体进行通信，但禁止不同主机非对等实体间进行直接通信；在物理上，每一层必须依靠下层提供的服务来与另一台主机的对等层通信，这是对等层通信的实质。也就是说，模型中的上层第$n+1$层使用下层第n层所提供的服务，是下层第n层服务消费者；而模型中的下层第n层向上层第$n+1$层提供服务，是上层第$n+1$层的服务生产者和提供者。

进一步，源进程传送消息到目标进程的过程是：首先消息发送到源系统的最高层，紧接着消息从最高层开始自上而下逐层封装，最后该消息经物理线路传输到目标系统。而当目标系统收到信息后，会将该信息自下而上逐层处理并拆封，最后由最高层将消息提交给目标进程。这个处理过程与邮政通信流程类似，如图2-4所示。

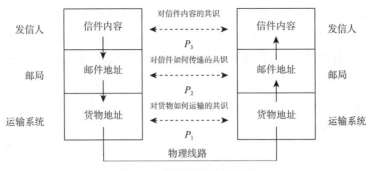

图 2-4 邮政系统通信流程

2.3.4 网络通信协议

如图2-4所示，发信人和收信人对信件内容的共识就是二者之间的协议，正是由于这种协议的存在使得他们都能读懂信的内容并理解对方的意思，达成默契；类似地，寄件邮局与收件邮局也能对信件的传递达成共识，也就是说，有一套规则来保证邮局之间的"默契"，二者间的这种默契要么能把信件完好无损地送给收信人，要么能够把信件完好无损地退给发信人；同样地，运输系统也能对信件如何运输达成共识，而正是由于这种共识，信件才能到达指定邮局。也就是说，对等实体间的这种默契共识就是协议。

同样，在计算机网络体系结构中，不同层需要完成不同的功能或者提供不同的服务。例如，计算机网络体系结构应该提供对应的差错控制，从而使对等层的通信更加可靠；除此之外，还应该提供流量控制以控制发送端的发送速率，以便接收端能同步接收消息；分段和重装机制也很必要，发送端在发送消息时应该将数据块分成更小的单位以便传输，而接收端能够准确地将这些数据块重新组合并还原数据的原貌；建立连接和释放连接机制是不同主机通信的保障等。上面列举的这些功能和服务实际上都是由计算机网络体系结构中具体的某一层来实现的，主要是通过每层相应的通信协议来实现这些功能的。也就是说，计算机网络中所有的通信活动都是由协议控制的，也正是各种各样的协议保证了计算机间高度默契的通信。实际上，人类在相互交流过程中也遵守某种"协议"，这种人交流使用的协议就是语言，学习语言的语义和语法，以及交流时要遵从语言时序的要求。

1.协议的概念

协议是网络通信实体之间在数据交换过程中需要遵循的规则或约定，是计算机网络有序运行的重要保证。协议三要素：语法、语义、时序。

（1）语法定义实体之间交换信息的格式与结构，是指协议元素与数据的组合格式，也就是报文或分组格式，如图2-5所示。

HDLC	Flag	Address	Ctrl	Data		FCSS	Flag
BSC	SOH	HEAD	STX	TEXT		ETX	BCC

图 2-5 HDLC 和 BSC 报文结构

（2）语义定义实体之间交换的信息中需要发送或包含哪些控制信息，这些控制信息的具体含义，以及针对不同含义的控制信息，接收信息如何响应。语义是指对协议中各字段含义的解释。例如，在HDLC协议中，标志Flag值为7EH表示报文的开始和结束；在BSC协议中，SOH值为01H表示报文的开始，STX值为02H表示报文正文的开始，ETX值为03H表示报文正文的结束。

（3）时序是指在通信过程中，通信双方操作的执行顺序与规则。

2.协议三要素之间的关系

计算机间通信的本质就在于信息报文的交换，而信息报文也就是在下面提到的协议数据单元（Protocol Data Unit，PDU）。实际上语法规定了PDU的格式；而在此基础上，语义赋予了PDU的特定内涵；时序通过控制这种具有特定语义的报文来实现计算机间的通信，也就是说，时序是通信规则的体现。

现在通过类比人类的对话来理解协议三要素之间的内在联系。假设这样一个场景，张三在和李四交谈，张三说："李四，早上好。"这时李四会莞尔一笑并答道："早上好，张三。"对于这段会话，语法就是这些汉字和语句的组织规则，正是由于这种组织规则，这些简单汉字的叠加才有了一定的语义，而时序保证了你问我答的这种会话交流的进行，更进一步地，时序保证了通信各方对PDU语义的理解并做出恰当的回应。

总的来说，语法是语义的载体，而时序又是对语义的有序组织。正是基于这种关系，计算机在通信时才得以保持高度默契。

实际上，在网络体系结构中，每层可能会有若干协议，但一个协议只隶属于一个层次。在实现方式上，协议可以由软件或硬件来实现。例如，网络通信协议软件、网络驱动程序、网络硬件等。常用协议组有TCP/IP协议集在Windows、UNIX和Linux实现；NetBEUI协议在Windows中实现、IPX/SPX协议在NetWare、Windows实现。

3.协议数据单元

计算机网络体系结构中，对等层之间交换的信息报文统称协议数据单元（PDU）。PDU由协议控制信息协议头和业务数据单元（SDU）组成，如图2-6所示。

协议控制信息	业务数据单元（SDU）

图 2-6　PDU 组成结构

其中，协议头部中含有完成数据传输所需的控制信息，如地址、序号、长度、分段标志、差错控制信息等。传输层及以下各层的PDU均有各自特定的名称。

（1）传输层封装的数据称为报文段（Segment）。

（2）网络层封装的数据称为分组或包（Packet）。

（3）数据链路层封装的数据称为帧（Frame）。

（4）物理层把数据称为比特流（bit）。

4.PDU的封装

在计算机网络体系结构中，下层把上层的PDU作为本层的数据加以封装，然后加入本层的协议头部和尾部形成本层的PDU，如图2-7所示。在这里封装就是在数据前面加上特定的协议头部。因此，数据在源站自上而下递交的过程实际上就是不断封装的过程，而到达目的地后自下而上递交的过程就是不断拆封的过程。这个过程类似发送信件的过程。数据在传输时，其外面实际上要被包封多层"信封"。在目的站点，某一层只能识别由源站对等层封装的"信封"，而对于被封装在"信封"内部的"数据"仅仅是拆封后将其提交给上层，本层不作任何处理。特别需要注意的是，每一层只处理本层的协议头部。

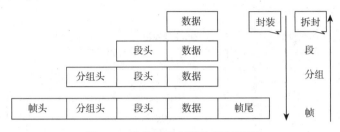

图 2-7　数据传输封装和拆封过程

2.4　计算机网络体系结构的定义和标准

2.4.1　计算机网络体系结构的定义

通过对邮政系统分层思想的分析，计算机网络体系结构设计也采用了分层的思想。既然计算机网络体系结构的设计采用的是分层思想，就必须解决以下几个问题：

（1）网络体系结构应该具有哪些层次，每个层次又负责哪些功能呢？（即分层与功能）

（2）各个层次之间的关系是怎样的，它们又是如何进行交互的呢？（即服务与接口）

（3）要想确保通信的双方能够达成高度默契，它们又需要遵循哪些规则呢？（即协议）

根据上面的几个问题，计算机网络体系结构必须包括三项内容：分层结构与每层的功能、服务与层间接口及协议。所以计算机网络体系结构的定义为：计算机网络中各层、层间接口及协议的集合。也可以换种说法，计算机网络体系结构就是计算机网络及其构件所应完成功能的精确定义。总之，体系结构是抽象的，而实现则是具体的，是真正在运行的计算机硬件和软件。

2.4.2　计算机网络体系结构的标准

最早的计算机网络体系结构标准源于IBM公司在1974年宣布的系统网络体系结构，这个著名的网络标准就是一种层次化网络体系结构。不久后，其他一些公司也相继推出自己的具有不同名称的体系结构。不同的网络体系结构出现后，采用不同的网络体系结构的产品之间很难互相通信，由于缺少统一标准给网络组建带来弊端。全球经济的发展使得处在不同网络体系结构的用户迫切要求能够互相交换信息，为此国际标准化组织成立了专门的机构研究该问题，并于1977年提出一个试图使各种计算机在世界范围内互联成网的标准框架，即开放系统互连参考模型（OSI）。OSI模型是采用七层体系结构的模型，具有概念清楚、层次分明、理论完整的特点，但OSI标准的制定者以专家、学者为主，他们缺乏实际经验和商业驱动力，研究设计体系结构周期过长，并且OSI标准自身运行效率欠佳，因此只是一个理论上的国际标准，而不是事实上的国际标准。

　　与此同时，由于Internet在全世界已经覆盖了相当大的范围，实际应用的技术和标准已经成型，导致占领市场的标准是具有简单易用特点的TCP/IP 四层体系结构模型成为事实上的标准。OSI标准没有市场背景，只是理论上的成果，并没有过多地应用于实践。这里要提醒读者，我们在教学中结合OSI七层和TCP/IP四层体系结构模型，把TCP/IP模型的网络接口层分解为数据链路层和物理层，OSI七层体系结构模型的应用层、表示层和会话层简化成应用层，使用五层体系结构模型来进行教学和研究。三者结构如图2-8所示。

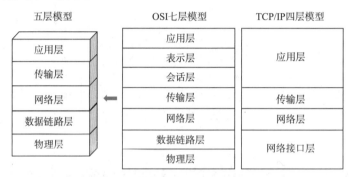

图 2-8　网络体系结构分层模型对比图

2.5　OSI 七层体系结构模型概述

　　在OSI七层参考模型的体系结构中，由低层至高层分别称为物理层、数据链路层、网络层、传输层、会话层、表示层和应用层。OSI七层网络体系结构参考模型示意图如图2-9所示。

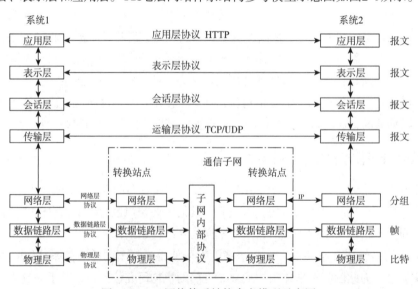

图 2-9　OSI 网络体系结构参考模型示意图

　　在OSI七层参考模型的体系结构中，各层次要解决的问题及其功能简述如下：

1.物理层（Physical Layer）

在OSI参考模型中，物理层是参考模型的最低层，也是OSI模型的第一层。它实现了相邻计算机节点之间比特流的透明传送，并尽可能地屏蔽掉具体传输介质和物理设备的差异，使其上层数据链路层不必关心网络的具体传输介质。"透明传送比特流"的意思是经实际电路传送后的比特流没有发生变化，对传送的比特流来说，这个电路好像是看不见的。

（1）任务。在物理介质上正确地、透明地传送比特流，就是由1和0转化为电流强弱来进行传输，到达目的地后再转化为1和0，也就是我们常说的数模转换与模数转换。

（2）协议标准。规定了物理接口的各种特性和物理设备的标准，如网线的接口类型、光纤的接口类型、各种传输介质的传输速率等。

（3）功能。实现相邻计算机节点之间比特流的透明传送，尽可能屏蔽掉具体传输介质和物理设备的差异，使数据链路层不必关心网络的具体传输介质。

图2-10给出了OSI七层体系结构参考模型的PDU数据封装示意图，数据从发送进程产生，经过各层，按照各层协议的规定格式对数据进行封装，加上首部，数据和数据结合成为本层的协议数据单元PDU。数据到达接收端，经过对等层进行相应的解封装。

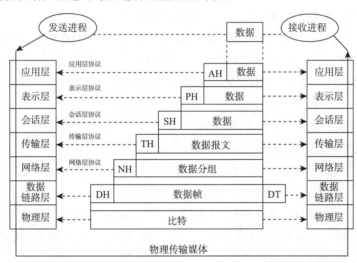

图 2-10　PDU 数据封装示意图

2.数据链路层（Data Link Layer）

数据链路层是OSI模型的第二层，负责建立和管理节点间的链路，控制网络层与物理层之间的通信。它完成了数据在不可靠物理线路上的可靠传递。在计算机网络中，由于各种干扰的存在，物理链路是不可靠的。为了保证数据的可靠传输，从网络层接收到的数据被分割成特定的可被物理层传输的数据帧。数据帧是用来传输数据的结构包，它不仅包括原始数据，还包括发送方和接收方的物理地址及纠错和控制信息。其中的物理地址确定了数据帧将发送到何处，而纠错和控制信息则确保数据帧无差错地传递。换句话说，这一层在物理层提供的比特流的基础上，通过差错控制、流量控制方法，使有差错的物理线路变为无差错的数据链路，即提供可靠的通过物理介质传输数据的方法。

（1）任务。通过各种数据链路层控制协议，实现数据在不可靠的物理线路上的可靠传递。

（2）协议。负责提供物理地址寻址、数据的成帧、流量控制、差错控制等功能，确保数据的可靠传输。

（3）功能与服务。接收来自物理层的位流形式的数据，并封装成帧，传送到上一层；同样，将来自上层的数据帧，拆装为位流形式的数据转发到物理层。此外，该层还负责提供物理地址寻址、数据的成帧、流量控制、差错控制等功能。差错控制是指处理接收端发回的确认帧的信息，以便提供可靠的数据传输；流量控制是指抑制发送方的传输速率，使接收方来得及接收。

3.网络层（Network Layer）

网络层是OSI模型的第三层，它是OSI参考模型中最复杂的一层，也是通信子网的最高一层，它在下两层的基础上向资源子网提供服务。网络层的主要任务是将网络地址翻译成对应的物理地址，并通过路由选择算法为分组通过通信子网选择最适当的路径。特别地，网络层将通过综合考虑发送优先权、网络拥塞程度、服务质量及可选路由的花费来决定从一个网络中节点A到另一个网络中节点B的最佳路径。

网络层是可选的，它只用于当两个计算机系统处于由路由器分割开的不同网段时，或者当通信应用要求某种网络层或传输层提供的服务、特性或能力时。对于两台主机处于同一个网段的直接相连这种情况，它们之间的通信只使用局域网的通信机制即可，即OSI参考模型的物理层和数据链路层功能。

（1）任务。将网络地址翻译成对应的物理地址，并通过路由选择算法为分组通过通信子网选择最适当的路径。

（2）协议。提供无连接数据报服务的IP协议。

（3）产品。通过路由器或三层交换机实现网络层功能。

（4）路由选择。网络层最重要的一个功能是路由选择。网络层会依据传输速率、距离跳数、链路代价和拥塞程度等因素在多条通信路径中找一条最佳路径。路由一般包括路由表和路由算法两个方面。事实上，每个路由器都必须建立和维护其路由表，一种是静态维护，也就是人工设置，只适用于小型网络；另一种是动态维护，是在运行过程中根据网络情况自动地动态维护路由表。

（5）数据链路层与网络层的差异。

① 功能：数据链路层是解决同一网络内节点之间的通信，而网络层主要解决不同子网间的通信，如广域网间的通信。

② 寻址：数据链路层中使用的物理地址仅解决网络内部的寻址问题。在不同子网之间通信时，为了识别和找到网络中的设备，每一子网中的设备都会被分配一个唯一的地址，即网络接口卡的硬件地址。由于各子网使用的物理技术可能不同，因此，这个地址应当是逻辑地址，即IP地址。

③ 路由算法：当源节点和目的节点之间存在多条路径时，网络层可以根据路由算法，通过网络为数据分组选择最佳路径，并将信息从最合适的路径由发送端传送到接收端。

④ 连接服务：与数据链路层流量控制不同的是，前者控制的是网络相邻节点间的流量，后者控制的是从源节点到目的节点间的流量。其目的在于防止阻塞，并进行差错检测。

4.传输层（Transport Layer）

OSI下三层（物理层、数据链路层和网络层）的主要任务是数据通信，上三层（会话层、表示层和应用层）的任务是数据处理，而传输层恰好是OSI模型的第四层，是通信子网和资源子网的接口和桥梁，起到承上启下的作用。该层的主要任务是：向用户提供可靠的端到端的差错和流量控制，保证报文的正确传输。传输层的作用是向高层屏蔽下层数据通信的细节，即向用户透明地传送报文。

传输协议同时进行流量控制，即基于接收方可接收数据的快慢程度规定适当的发送速率。除此之外，传输层按照网络层能处理的最大单元尺寸将较大的报文段进行强制分割。例如，以太网无法接收大于1 500字节的数据包，发送方节点的传输层将数据分割成较小的数据片，同时对每一个数据片分配一个序列号，以便数据到达接收方节点的传输层时，能以正确的顺序重组，这个过程也称排序。

（1）任务。在源端与目的端之间提供可靠的透明数据传输，使上层服务用户不必关心通信子网的实现细节。

（2）协议。协议包括TCP/IP中的TCP、UDP协议，Novell网络中的SPX协议和微软的NetBIOS/NetBEUI协议。其中，TCP传输控制协议具有传输效率低、可靠性强等特点，用于传输可靠性要求高、数据量大的数据；UDP用户数据报协议用于传输可靠性要求不高、数据量小的数据，如QQ聊天数据就是通过这种方式进行传输。

（3）功能与服务。传输层提供会话层和网络层之间的传输服务，这种服务从会话层获得数据，并在必要时对数据进行分割。然后，传输层将数据传递到网络层，并确保数据能正确无误地传送到网络层。因此，传输层负责提供两节点之间数据的可靠传送，当两节点的联系确定之后，传输层负责监督工作。综上，传输层的主要功能如下：

① 传输连接管理：提供建立、维护和拆除传输连接的功能，传输层在网络层的基础上为高层提供"面向连接"和"面向无接连"的两种服务。

② 处理传输差错：提供可靠的"面向连接"和不太可靠的"面向无连接"的数据传输服务、差错控制和流量控制。在提供"面向连接"服务时，通过这一层传输的数据将由目标设备确认，如果在指定的时间内未收到确认信息，数据将被重发。

（4）传输层的特点。传输层以上各层面向应用，本层及以下各层面向传输；实现源主机到目的主机"端到端"的连接。

（5）传输层与网络层的区别。在协议栈中，传输层位于网络层之上，传输层协议为不同主机上运行的进程提供逻辑通信，而网络层协议为不同主机提供逻辑通信。这个区别很微妙，但是非常重要。下面的这个例子很好地说明了二者之间的区别。

设想有两所房子，一所位于东海岸，而另一所位于西海岸，每所房子里都住着12个小孩。东海岸房子里的小孩和西海岸房子里的小孩是堂兄妹。两所房子里的孩子喜欢互相通信。每个孩子每周都给每一个堂兄妹写一封信，每一封信都由老式的邮局分别用信封来寄，这样每家每周就都有144封信要送到另一家。其中，在每一家中都由一个孩子——西海岸房子里的Ann和东海岸房子里的Bill负责邮件的收集和分发。所以，每周Ann都从她的兄弟姐妹那里收集信件，并将这些信件送到每天都来的邮递员那里；当信件到达西海岸的房子时，Ann又将这些信件分发给她的兄弟姐妹。Bill在东海岸做着与Ann同样的工作。

在这个例子中，邮递服务提供着两所房子之间的逻辑通信，也就是说，邮递服务在两所房子之间传递邮件，而不是针对个人的服务。Ann和Bill提供堂兄妹之间的逻辑通信，也就是说，Ann和Bill从他们的兄弟姐妹那里收集邮件并将邮件递送给他们。从这些堂兄妹的角度看，Ann和Bill就是邮件的服务人，尽管他们只是端到端寄送服务的一部分。在这个例子中，与计算机网络体系结构分层模型的对应关系为：

① 主机或终端系统相当于房子。

② 进程相当于堂兄妹。

③ 应用程序发送的消息相当于信封里的信。

④ 网络层协议相当于邮递服务，包括邮递员。

⑤ 传输层协议相当于Ann和Bill，负责两端收集和分发。

实际上，网络层可以看作传输层的一部分，其为传输层提供服务。但对于终端系统而言，网络层是透明的，它们知道传输层的存在，也就是说，在逻辑上它们认为是传输层为它们提供了端对端的通信，这也是分层思想的妙处。

5.会话层（Session Layer）

会话层是OSI模型的第五层，是用户应用程序和网络之间的接口，负责在网络中的两节点之间建立、维持和终止通信。会话层的功能包括：建立通信链接，保持会话过程通信链接的畅通，同步两个节点之间的对话，决定通信是否被中断及通信中断时决定从何处重新发送。

有人把会话层称为网络通信的"交通警察"。当通过拨号向用户的因特网服务提供商（Internet Service Provider，ISP）请求连接到因特网时，ISP服务器上的会话层向用户与用户的PC上的会话层进行协商连接。若用户的电话线偶然从墙上插孔脱落，终端机上的会话层将检测到连接中断并重新发起连接。

6.表示层（Presentation Layer）

表示层是OSI模型的第六层，它对来自应用层的命令和数据进行解释，以确保一个系统的应用层所发送的信息可以被另一个系统的应用层读取。例如，PC程序与另一台计算机进行通信，其中一台计算机使用扩展二-十进制交换码表示字符，而另一台则使用美国信息交换标准码表示相同的字符。这时表示层会实现多种数据格式之间的转换。也就是说，表示层的主要功能是处理用户信息的表示问题，如编码、数据格式转换和加密解密等。表示层的具体功能如下：

（1）数据格式处理：协商和建立数据交换的格式，解决各应用程序之间在数据格式表示上的差异。

（2）数据的编码：处理字符集和数字的转换。例如，由于用户程序中的数据类型（整型或实型、有符号或无符号等）、用户标识等都可以有不同的表示方式，因此在设备之间需要具有在不同字符集或格式之间转换的功能。

（3）压缩和解压缩：为了减少数据的传输量，这一层还负责数据的压缩与恢复。

（4）数据的加密和解密：可以提高网络的安全性。

7.应用层（Application Layer）

应用层是OSI模型的最高层，它是计算机用户及各种应用程序和网络之间的接口，其功能是直接向用户提供服务并完成用户希望在网络上完成的各种工作。应用层在其他六层工作的基础上，负责完成网络中应用程序与网络操作系统之间的联系，建立与结束使用者之间的联系，并完成网络用户提出的各种网络服务及应用所需的监督、管理和服务等各种协议。此外，该层还负责协调各个应用程序间的工作。

应用层为用户提供的服务和协议有文件服务、目录服务、FTP文件传输服务、Telnet远程登录服务、E-mail电子邮件服务、打印服务、安全服务、网络管理服务、数据库服务、域名服务等。上述各种网络服务由该层的不同应用协议和程序完成，不同的网络操作系统之间在功能、界面、实现技术、对硬件的支持、安全可靠性及具有的各种应用程序接口等方面的差异是很大的。

（1）任务：为用户的应用进程提供网络通信服务。

（2）服务：该层具有的各种应用程序可以完成和实现用户请求的各种服务。

（3）功能：用户应用程序与网络间的接口，使用户的应用程序能够与网络进行交互式联系。

2.6　TCP/IP 四层体系结构模型概述

TCP/IP 是Internet上的标准通信协议集，该协议集由数十个具有层次结构的协议组成，其中TCP和IP是该协议族中两个最重要的核心协议，如图2-11所示。TCP/IP协议族按层次可分为以下四层：应用层、传输层、网络层和网络接口层，各层对应的PDU名称如图2-11所示。

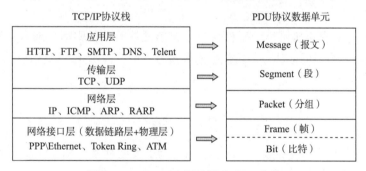

图 2-11　TCP/IP 各层协议和 PDU 名称

特别地，由于TCP/IP四层模型与OSI七层模型在整体上相似，差别主要在于分层的粒度上，因此，我们在此对TCP/IP四层模型进行简述。

1.应用层

应用层决定了向用户提供何种应用服务，由具体应用层协议来实现。TCP/IP协议族内应用层协议预存了各类通用的应用服务。例如，FTP文件传输协议和 DNS域名系统服务，HTTP 协议实现Web服务。

2.传输层

传输层对上层应用层提供处于网络连接中的两台计算机之间数据传输可靠性保证。在传输层有两个性质不同的协议：TCP传输控制协议和 UDP用户数据报协议。其中，TCP是面向连接的传输协议，其在数据传输之前会建立连接，并把报文分解为多个段进行传输，在目的站再重新装配这些段，必要时重新传输没有收到或错误的，因此它是"可靠"的。UDP是无连接的传输协议，其在数据传输之前不建立连接，并且对发送的段不进行校验和确认，因此它是"不可靠"的。传输层与应用层之间的关系如图2-12所示，应用层和传输层通过端口进行数据传输的复用和分用。

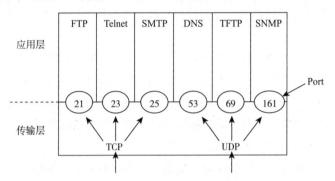

图 2-12　应用层和传输层之间的端口

3.网络层

网络层用来处理在网络上流动的数据包，其中数据包是网络传输的最小数据单位。该层通过不同路由策略选择最好的传输路径把数据包由发送端传输到接收端。网络层所起的作用就是在众多的传输路径中选择一条最佳传输路线。也就是说，网络层的主要功能是把数据报通过最佳路径送到目的端，其中网络层的核心协议IP提供了无连接的数据报传输服务。

4.网络接口层

网络接口层用来处理连接网络的硬件部分，包括硬件的设备驱动、网卡（Network Interface Card，NIC）及光纤等物理可见部分，还包括连接器等一切传输媒介。也就是说，硬件上的范畴均在链路层的作用范围之内。

小　结

◇　分层思想就是把一个复杂系统的功能分层实现，每层实现一部分功能，系统整体功能就实现。分层思想是解决复杂设计的有效方法。

◇　通用分层模型包括实体、对等层、对等实体、协议、接口和服务构成。

◇　协议是通信双方在通信过程中必须遵循的规则和约定，包括语义、语法和时序。每层的功能通过相应的协议来实现。

◇　计算机网络体系结构是计算机网络中各层、层间接口及协议的集合。体系结构是抽象的，而实现则是具体的，是真正在运行的计算机硬件和软件。

◇　OSI七层参考模型是理论上的模型，过于复杂，没有实践；TCP/IP四层参考模型是事实上的标准。

习 题

一、选择题

1. ( ) 是指为网络数据交换而制定的规则、约定与通信标准。

   A. 接口　　　　　　　B. 层次　　　　　　　C. 体系结构　　　　　D. 网络协议

2. 在 OSI 参考模型中,( ) 负责使分组以适当的路径通过通信子网。

   A. 网络层　　　　　　B. 传输层　　　　　　C. 数据链路层　　　　D. 表示层

3. 在 OSI 参考模型中,网络层的协议数据单元是 ( )。

   A. 比特序列　　　　　B. 分组　　　　　　　C. 报文　　　　　　　D. 帧

4. 在 OSI 参考模型中,网络层的主要功能是 ( )。

   A. 提供可靠的端到端服务,透明地传送报文

   B. 路由选择、拥塞控制与网络互联

   C. 在通信实体之间传送以帧为单位的数据

   D. 数据格式变换、数据加密与解密、数据压缩与恢复

5. IP 是指网际协议,它对应于开放系统互连参考模型 OSI 七层中的 ( )。

   A. 物理层　　　　　　B. 数据链路层　　　　C. 传输层　　　　　　D. 网络层

6. PDU 的中文全称是 ( )。

   A. 协议数据单元　　　B. 存储数据单元　　　C. 接口数据单元　　　D. 服务数据单元

7. 在计算机网络体系结构中,要采用分层结构的理由是 ( )。

   A. 可以简化计算机网络的实现

   B. 各层功能独立,各层因技术进步而做的改动不会影响到其他层,保持体系结构稳定性

   C. 比模块结构好

   D. 只允许每层和其上、下相邻层发生联系

8. ( ) 使用比特流来传输,而不使用帧。

   A. 网络层　　　　　　B. 会话层　　　　　　C. 物理层　　　　　　D. 数据链路层

9. 计算机网络中,分层和协议的集合称为计算机网络的 ( )。

   A. 组成结构　　　　　B. 参考模型　　　　　C. 体系结构　　　　　D. 基本功能

二、简答题

1. 为什么要采用分层的方法解决计算机的通信问题?

2. 简述通信的两台主机之间通过 OSI 模型进行数据传输的过程。

3. 简述 TCP/IP 模型与 OSI 模型的区别。

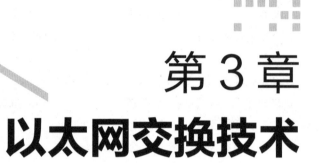

第 3 章
以太网交换技术

本章首先介绍了共享式以大网和交换式以太网的区别，然后重点讲述交换机进行MAC地址学习以构建MAC地址表的过程和对数据帧的转发原理，最后介绍了链路聚合的作用。链路聚合技术是局域网中最常见的高带宽和高可靠性技术，本章重点讲述了链路聚合中负载分担的原理，以及如何在交换机上配置及维护链路聚合。

学习目标

➢了解共享式以太网和交换式以太网的区别。

➢掌握交换机中MAC地址表的学习过程。

➢掌握交换机的过滤、转发原理。

➢掌握广播域的概念。

➢了解链路聚合的作用。

➢掌握链路聚合的分类。

➢掌握链路聚合的基本配置。

3.1　以太网概述

以太网是当前组建局域网主流的一种技术，在20世纪70年代初期由Xerox公司Palo Alto研究中心推出。1979年Xerox、Intel和DEC公司正式发布DIX版本的以太网规范，1983年IEEE 802.3标准正式发布。初期的以太网是基于同轴电缆的，到80年代末期基于双绞线的以太网完成了标准化工作，即常说的10BASE-T。随着市场的推动，以太网的发展越来越迅速，应用也越来越广泛。下面简单概括以太网的发展历程。

（1）20世纪70年代初，以太网产生。

（2）1979年，DEC、Intel、Xerox成立联盟，推出DIX以太网规范。

（3）1980年，IEEE成立了802.3工作组。

（4）1983年，第一个IEEE 802.3标准通过并正式发布。

（5）通过20世纪80年代的应用，10 Mbit/s以太网基本发展成熟。

（6）1990年，基于双绞线介质的10BASE-T标准和IEEE 802.1d网桥标准发布。

（7）20世纪90年代，LAN交换机出现，逐步淘汰共享式网桥。

（8）1992年，出现了100 Mbit/s快速以太网。

（9）通过100BASE-T标准（IEEE 802.3u）。

（10）出现全双工以太网（IEEE 97）。

（11）千兆以太网开始迅速发展（96）。

（12）1 000 Mbit/s千兆以太网标准问世（IEEE 802.3z/ab）。

（13）IEEE 802.1q和IEEE 802.1p标准出现（98）。

（14）10GE以太网工作组成立（IEEE 802.3ae）。

3.2　以太网 MAC 地址

以太网技术通过网卡实现，以太网网卡地址简称MAC地址。MAC地址唯一标识物理网络中一台计算机，有48位，可以转换成12位的十六进制数，参见图3-1，在Windows系统中可通过ipconfig / all命令查看本机MAC地址。这个数分成3组，每组有4个数字，中间以点分开，MAC地址有时也称点分十六进制数。为了确保MAC地址的唯一性，IEEE对这些地址进行管理。每个地址由两部分组成，分别是供应商代码和序列号。供应商代码由供应商自己申请获得，代表网络接口卡制造商的公司标识，具有唯一性，它占用MAC的前6位十六进制数字，即24位二进制数字。序列号由供应商自己管理和分配，它占用剩余的6位十六进制数，即最后的24位二进制数字。从实际使用的角度

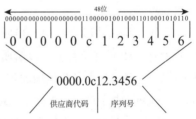

图 3-1　MAC 地址组成结构

看，以太网的MAC地址可以分为三类，分别是单播地址、多播地址、广播地址。

（1）单播地址：第一字节最低位为0，如单播MAC地址00e0.fc00.0006。用于一个网段中两个特定设备之间的通信，可以作为以太网帧的源和目的MAC地址。

（2）多播地址：第一字节最低位为1，如多播MAC地址01e0.fc00.0006。用于网段中一个设备和其他多个设备通信，只能作为以太网帧的目的MAC。

（3）广播地址：48位二进制全1，十六进制表示为ffff.ffff.ffff。用于网段中一个设备和其他所有设备通信，只能作为以太网帧的目的MAC。

3.3　以太网交换机工作原理

3.3.1　共享式以太网和交换式以太网

1.共享式以太网

同轴电缆是以太网发展初期所使用的连接线缆，是物理层设备。通过同轴电缆连接起来的设备

处于同一个冲突域中，即在每一个时刻，只能有一台终端主机在发送数据，其他终端处于侦听状态，不能发送数据。这种情况称为域中所有设备共享同轴电缆的总线带宽。

集线器（Hub）也是一个物理层设备，它提供网络设备之间的直接连接或多重连接。集线器功能简单、价格低廉，在早期的网络中随处可见。在集线器连接的网络中，每个时刻只能有一个端口在发送数据。集线器的功能是把从一个端口接收到的比特流从其他所有端口转发出去。因此，用集线器连接的所有站点也处于一个冲突域之中，当网络中有两个或多个站点同时进行数据传输时，将会产生冲突。

综上所述，如图3-2所示，集线器与同轴电缆都是典型的共享式以太网所使用的设备，工作在OSI模型的物理层。集线器和同轴电缆所连接的设备位于一个冲突域中，域中的设备共享带宽，设备间利用CSMA/CD机制来检测及避免冲突。

在这种共享式以太网中，每个终端所使用的带宽大致相当于总线带宽除以设备数量，所以接入的终端数量越多，每个终端获得的网络带宽越小。在图3-2所示网络中，如果集线器的带宽是10 Mbit/s，则每个终端所能使用的带宽约为3.3 Mbit/s；而且由于不可避免地会发生冲突导致重传，所以实际上每个终端所能使用的带宽还要更小一些。

另外，共享式以太网中，当所连接的设备数量较少时，冲突较少发生，通信质量可以得到较好的保证；但是当设备数量增加到一定程度时，将导致冲突不断，网络的吞吐量受到严重影响，数据可能频繁地由于冲突而被拒绝发送。

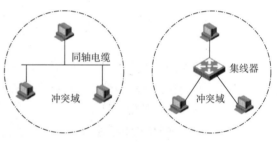

图 3-2　共享以太网

由于集线器与同轴电缆工作在物理层，一个终端发出的报文，无论是单播、组播、广播，其余终端都可以收到。这会导致如下两个问题：

（1）终端主机会收到大量的不属于自己的报文，它需要对这些报文进行过滤，从而影响主机处理性能。

（2）两个主机之间的通信数据会毫无保留地被第三方收到，造成一定的网络安全隐患。

2.交换式以太网

交换式以太网的出现有效地解决了共享式以太网的缺陷，它大大减小了冲突域的范围，增加了终端主机之间的带宽，过滤了一部分不需要转发的报文。交换式以太网所使用的设备是网桥（Bridge）和二层交换机，如图3-3所示。

网桥是一种工作在数据链路层的设备，早期被用在网络中连接各个终端主机。对于终端主机来说，网桥好像是透明的，不需要由于网桥的存在而增加或改变配置，所以又称透明网桥。网桥遵循的协议是IEEE 802.1d，又称透明桥接协议。

当前在交换式以太网中经常使用的网络设备是二层交换机。二层交换机和网桥的工作原理相同，都是按照IEEE 802.1d标准设计的局域网连接设备。它们的区别在于交换机比网桥的端口更多、转发能力更强、特性更加丰富。

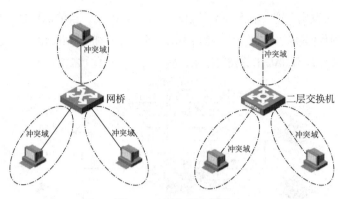

图 3-3　交换式以太网

二层交换机也采用CSMA/CD机制来检测及避免冲突，但与集线器所不同的是，二层交换机各个端口会独立地进行冲突检测，发送和接收数据互不干扰，所以，二层交换机中各个端口属于不同的冲突域，端口之间不会有竞争带宽的冲突发生。

由于二层交换机的端口处于不同的冲突域中，终端主机可以独占端口的带宽，所以交换式以太网的交换效率大大高于共享式以太网。

二层交换机也是具有多个端口的转发设备，在各个终端主机之间进行数据转发，但与集线器不同的是，二层交换机的端口在检测到网络中的比特流后，它会首先把比特流还原成数据链路层的数据帧，再对数据帧进行相应的操作。同样，二层交换机端口在发送数据时，会把数据帧转成比特流，再从端口发送出去。

以太网数据帧遵循IEEE 802.3格式封装，其中包含了目的MAC地址和源MAC地址，交换机根据收到数据帧中的源MAC地址进行自我学习，构建MAC地址到端口的转发表，再根据收到数据帧中的目的MAC地址进行数据帧的转发与过滤。

3.3.2　MAC 地址表学习

为了转发报文，以太网交换机需要维护MAC地址表。MAC地址表的表项中包含了与本交换机相连的终端主机的MAC地址、本交换机连接主机的端口等信息，在交换机刚启动时，它的MAC地址表中没有表项，如图3-4所示，此时如果交换机的某个端口收到数据帧，它会把数据帧从所有其他端口转发出去，这样交换机就能确保网络中其他所有的终端主机都能收到此数据帧，但是这种广播式转发的效率低下，占用了太多的网络带宽，并不是理想的转发模式。

为了能够仅转发目标主机所需要的数据，交换机需要知道终端主机的位置，也就是主机连接在交换机的哪个端口上，这就需要交换机进行MAC地址表的正确学习。

交换机通过记录端口接收数据帧中的源MAC地址和端口的对应关系来进行MAC地表的学习。

图 3-4　MAC 地址表初始状态

如图3-5所示，PCA发出数据，其源地址是自己的地址MAC_A，目的地址是PCD的地址MAC_D，交换机在端口E 1/0/1收到数据帧后，查看其中的源MAC地址，并添加到MAC地址表中，形成一条MAC地址表项。因为MAC地址表中没有MAC_D的相关记录，所以交换机把此数据帧从所有其他端口发送出去。

图 3-5　PCA 的 MAC 地址学习

交换机在学习MAC地址时，同时给每条表项设定一个老化时间，如果在老化时间到期之前一直没有刷新，则表项会清空。交换机的MAC地址表空间是有限的，设定表项老化时间有助于回收长久不用的MAC表项空间。

同样的，当网络中其他PC发出数据帧时，交换机记录其中的源MAC地址，与接收到数据帧端口相关联起来，形成MAC地址表项，如图3-6所示。

图 3-6　其他 PC 的 MAC 地址学习

当网络中所有的主机的MAC地址在交换机中都有记录后，意味着MAC地址学习完成，也可以说，交换机知道了所有主机的位置。交换机在MAC地址学习时，需要遵循以下原则：

（1）一个MAC地址只能被一个端口学习。

（2）一个端口可学习多个MAC地址。

交换机进行MAC地址学习的目的是知道主机所处的位置，只要有一个端口能到达主机即可，多个端口到达主机反而造成带宽浪费，所以系统设定MAC地址只与一个端口关联。如果一个主机从一个端口转移到另一个端口，交换机在新的端口学习到了此主机MAC地址，则会删除原有表项。一个端口上可关联多个MAC地址。例如，端口连接到一个集线器，集线器连接多个主机，则此端口会关联多个MAC地址。

3.3.3　数据帧转发

MAC地址表学习完成后，交换机根据MAC地址表项进行数据帧转发。在进行转发时遵循以下规则：

（1）对于已知单播数据帧，即帧的目的MAC地址在交换机MAC地址表中有相应表项，则从帧目的MAC地址相对应的端口转发出去。

（2）对于未知单播帧，即帧的目的MAC地址在交换机MAC地址表中无相应表项、组播帧、广播帧，则从除源端口外的其他端口转发出去。

在图3-7中，PCA发出数据帧，其目的地址是PCD的地址MAC_D，交换机在端口E1/0/1收到数据帧后，检索MAC地址表项，发现目的MAC地址MAC_D所对应的端口是E1/0/4，就把此数据帧从E1/0/4转发，不在端口E1/0/2和E1/0/3转发，PCB和PCC也不会收到目的到PCD的数据帧。

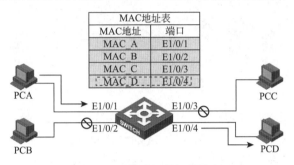

图 3-7 已知单播数据帧转发

与已知单播帧转发不同，交换机会从除源端口外的其他端口转发广播和组播帧，因为广播和组播的目的就是要让网络中其他成员收到这些数据帧。

由于MAC地址表中无相关表项，所以交换机也要把未知单播帧从其他端口转发出去，以使网络中其他主机能收到。

在图3-8中，PCA发出数据帧，其目的MAC_E，交换机在端口E1/0/1收到数据帧后，检索MAC地址表项，发现没有MAC_E的表项，所以就把此帧从除端口E1/0/1外的其他端口转发出去。

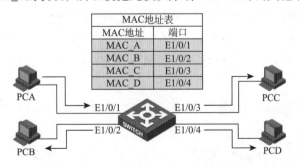

图 3-8 广播、组播和未知单播帧的转发

同理，如果PCA发出的是广播帧，即目的MAC地址为FF-FF-FF-FF-FF-FF或组播帧，交换机把此帧从除端口E1/0/1外的其他端口转发出去。

3.3.4 数据帧过滤

为了杜绝不必要的帧转发占用网络资源，交换机对符合特定条件的帧进行过滤。无论是单播、组播，还是广播帧，如果帧目的MAC地址在MAC地址中有表项存在且表项所关联的端口与接收到帧的端口相同，则交换机对此帧进行过滤即不转发此帧，过滤就是交换机直接丢弃此帧。

如图3-9所示，PCA发出数据帧其目的地址是MAC_B，交换机在端口E1/0/1收到数据帧后，检索MAC地址表项，发现MAC_B所关联的端口也是E1/0/1，则交换机过滤此帧。

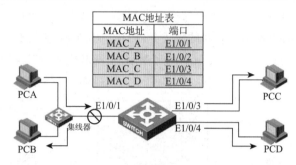

图 3-9　数据帧的过滤

通常帧过滤发生在一个端口学习到多个MAC地址的情况下，如图3-9所示，交换机端口E1/0/1连接有一个集线器，所以端口E1/0/1上会同时学习到PCA和PCB的MAC地址。此时PCA和PCB之间进行数据通信时尽管这些帧能够到达交换机的E1/0/1端口，交换机也不会转发这些帧到其他端口，而是将其丢弃。

3.3.5　数据帧广播

广播帧是指目的MAC地址是FF-FF-FF-FF-FF-FF的数据帧，它的目的是要让本地网络中的所有设备都能收到。二层交换机需要把广播帧从除源端口之外的端口转发出去，所以二层交换机不能够隔离广播。广播域是指广播帧能够到达的范围。如图3-10所示，PCA发出的广播帧，所有的设备与终端主机都能够收到，则所有的终端主机处于同一个广播域中。

路由器或三层交换机是工作在网络层的设备，对网络层信息进行操作。路由器或三层交换机收到广播帧后，对帧进行解封装，取出其中的IP数据包，然后根据IP数据包中的IP地址进行路由。所以，路由器或三层交换机不转发广播帧，广播在三层端口上被隔离了。如图3-11所示，PCA发出的广播帧，PCB能够收到，但PCC和PCD收不到，PCA和PCB就属于同一个广播域。

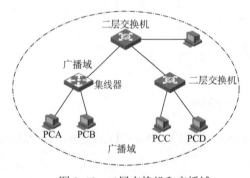

图 3-10　二层交换机和广播域

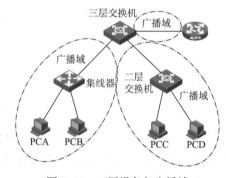

图 3-11　三层设备与广播域

广播域中的设备与终端主机数量越少，广播帧流量就越少，网络带宽的无谓消耗也就越少。所以如果在一个网络中，如果因广播域太大广播流量太多而导致网络性能下降，则可以考虑在网络中使用三层交换机或路由器，以减小广播域，减少网络带宽浪费，提高网络性能。

3.4 链路聚合技术

3.4.1 链路聚合简介

链路聚合是以太网交换机所实现的一种非常重要的高可靠性技术，通过链路聚合，多个物理以太网链路聚合在一起形成一个逻辑上的聚合端口组，使用链路聚合服务的上层实体把同一聚合组内的多条物理链路视为一条逻辑链路，数据通过聚合端口组进行传输，如图3-12所示。链路聚合具有以下优点：

（1）增加链路带宽：通过把数据流分散在聚合组中各个成员端口，实现端口间的流量负载分担，从而有效地增加了交换机间的链路带宽。

（2）提供链路可靠性：聚合组可以实时监控同一聚合组内各个成员端口的状态，从而实现成员端口之间彼此动态备份，如果某个端口故障，聚合组及时把数据流分配到其他端口传输。

链路聚合后，上层实体把同一聚合组内的多条物理链路视为一条逻辑链路，系统根据一定的算法，把不同的数据流分布到各成员端口上，从而实现基于流的负载分担。

系统通过算法进行负载分担时，可以采用数据流报文中一个或多个字段来进行计算，即采用不同的负载分担模式，通常对于二层数据流，系统根据MAC地址，即源MAC地址及目的MAC地址来进行负载分担计算；对于三层数据流，则根据IP地址，即源IP地址及目的IP地址进行负载分担计算。

假定在图3-13中，系统根据流中的MAC地址进行负载分担计算，因为PCA和PCB的MAC地址不同，系统会认为从PCA发出的流和从PCB发出的流是不同的，则根据算法可能会把这两条流分别从聚合组中的两个成员端口向外发送，同理，返回的数据流在SWB上也可能会被分布到两条链路上传输，从而实现了负载分担。

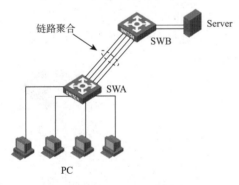

图 3-12 链路聚合作用

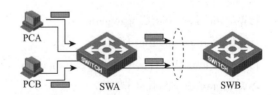

图 3-13 链路聚合的负载分担

3.4.2 链路聚合的分类

按照聚合方式的不同，链路聚合可以分为下面两大类。

1.静态聚合

在静态聚合方式下，双方设备不需要启用聚合协议，双方不进行聚合组中成员端口状态的交互，如果一方设备不支持聚合协议或双方设备所支持的聚合协议不兼容，则可以使用静态聚合方式来实现聚合。

2.动态聚合

在动态聚合方式下，双方系统使用链路聚合控制协议（Link Aggregation Control Protocol，LACP）来协商链路信息，交互聚合组中成员端口状态。LACP是一种基于IEEE 802.3d标准的能够实现链路动态聚合与解聚合的协议，LACP协议通过链路聚合控制协议数据单元（Link Aggregation Control Protocol Data Unit，LACPDU）与对端交互信息。

启用某端口的LACP协议后，该端口将通过发送LACPDU向对端通告自己的系统LACP协议优先级、系统MAC、端口的LAC协议优先级、端口号和操作Key，对端接收到LACPDU后，将其中的信息与其他端口所收到的信息进行比较，以选择能够处于Selected状态的端口，从而双方可以对端口处于Selected状态达成一致。

操作Key是在链路聚合时聚合控制根据端口的配置，即速率、双工模式，Up/Down状态，基本配置等信息自动生成的一个配置组合，在聚合组中，处于Selected状态的端口有相同的操作Key。

● 视频

链路聚合

3.4.3　链路聚合的配置实例

1.配置静态链路聚合

静态聚合的优点是没有聚合协议报文占用带宽，对双方的聚合协议没有兼容性要求，在小型局域网中，最常用的链路聚合方式是静态聚合。配置静态聚合的步骤如下：

（1）在系统视图下创建聚合端口，配置命令如下：

[Switch] interface bridge-aggregation interface-number

（2）在接口视图下把物理端口加入到创建的聚合组中，配置命令如下：

Switch-Ethernet1/0/1] port link-aggregation group number

2.链路聚合配置示例

在图3-14中，交换机SWA使用端口E1/0/1、E1/0/2和E1/0/3连接到SWB的端口E1/0/1、E1/0/2和E1/0/3，在交换机上启用链路聚合以实现增加带宽和可靠性的需求。

配置SWA过程如下：

[SWA] interface bridge-aggregation 1

[SWA]interface Ethernet 1/0/1

[SWA-Ethernet1/0/1] port link-aggregation group 1

[SWA]interface Ethernet 1/0/2

[SWA-Ethernet1/0/2] port link-aggregation group 1

[SWA]interface Ethernet 1/0/3

[SWA-Ethernet1/0/3] port link-aggregation group 1

配置SWB过程如下：

[SWB] interface bridge-aggregation 1

[SWB]interface Ethernet 1/0/1

[SWB-Ethernet1/0/1] port link-aggregation group 1

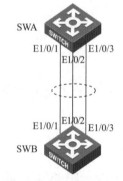

图 3-14　静态链路聚合配置

[SWB]interface Ethernet 1/0/2

[SWB-Ethernet1/0/2] port link-aggregation group 1

[SWB]interface Ethernet 1/0/3

[SWB-Ethernet1/0/3] port link-aggregation group 1

3.链路聚合显示与维护

可以在任意视图下用display link-aggregation summary命令查看链路聚合的状态，如图3-15所示。

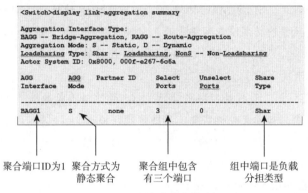

```
<Switch>display link-aggregation summary

Aggregation Interface Type:
BAGG -- Bridge-Aggregation, RAGG -- Route-Aggregation
Aggregation Mode: S -- Static, D -- Dynamic
Loadsharing Type: Shar -- Loadsharing, NonS -- Non-Loadsharing
Actor System ID: 0x8000, 000f-e267-6o6a

AGG        AGG     Partner ID    Select    Unselect    Share
Interface  Mode                  Ports     Ports       Type
-------------------------------------------------------------
BAGG1      S       none          3         0           Shar
```

聚合端口ID为1　聚合方式为　聚合组中包含　组中端口是负载
　　　　　　　静态聚合　有三个端口　分担类型

图 3-15　链路聚合状态

以上输出信息表示，这个聚合端口的ID是1，聚合方式为静态聚合，组中包含了三个Selected端口，处于激活状态并工作在负载分担模式下。

注意：处于Selected状态的端口可以参与转发数据流。Unselected状态表示端口当前未被选中，不参与数据流转发。例如，端口在物理层Down的情况下就是Unselect Ports。

小 结

◇ 共享式以太网中所有终端共享总线带宽，交换式以太网中每个终端处于独立的冲突域。

◇ 交换机根据收到数据帧中的源MAC地址完成转发表自我学习。

◇ 交换机根据MAC地址表对数据帧进行转发和过滤。

◇ 路由器或三层交换机的三层接口属于独立的广播域。

◇ 链路聚合可以实现提高链路可靠性、增加链路带宽和实现传输数据的负载均衡。

◇ 链路聚合按照聚合方式不同分为静态聚合和动态聚合。

习 题

选择题

1. 以下关于冲突域、广播域的描述，正确的有（　　　）。

　A. 通过中继器连接的所有段都属于同一个冲突域

　B. 通过网桥连接的段分别属于不同的冲突域

　C. 通过中继器连接的所有网段都属于同一个广播

　　D. 通过网桥连接的段分别属于不同的广播域

2. 下列（　　　）的不同物理端口属于不同的冲突域。

　　A. 集线器　　　　　　　　B. 中继器　　　　　　　C. 交换机　　　　　　　D. 路由器

3. 交换机通过记录端口接收数据帧中的（　　　）和端口对应关系来进行 MAC 地址表的学习。

　　A. 目的 MAC 地址　　　B. 源 MAC 地址　　　C. 目的 IP 地址　　　　D. 源 IP 地址

4. 交换机从端口接收到一个数据帧后，根据数据帧中的（　　　）查找 MAC 地址表来进行转发。

　　A. 目的 MAC 地址　　　B. 源 MAC 地址　　　C. 目的 IP 地址　　　　D. 源 IP 地址

5. 为了杜绝不必要数据帧转发浪费网络资源，交换机对符合特定条件的（　　　）进行过滤。

　　A. 单播帧　　　　　　　B. 广播帧　　　　　　　C. 组播帧　　　　　　　D. 任播帧

6. 链路聚合的优点有（　　　）。

　　A. 增加链路带宽　　　B. 提高链路可靠性　　　C. 降低组网成本　　　D. 减少维护工作量

7. 在（　　　）方式中，双方交换机需要使用链路聚合协议。

　　A. 静态聚合　　　　　　B. 动态聚合　　　　　　C. 手工聚合　　　　　　D. 协议聚合

8. 在交换机上创建聚合端口的配置命令为（　　　）。

　　A. [SWA] interface bridge-aggregation 1

　　B. [SWA-Ethernet 1/0/1] interface bridge-aggregation 1

　　C. [SWA] port link-aggregation group 1

　　D. [SWA-Ethernet 1/0/1] port link-aggregation group 1

9. 将交换机的端口加入到聚合端口的配置命令为（　　　）。

　　A. [SWA] interface bridge-aggregation 1

　　B. [SWA-Ethernet 1/0/1] interface bridge-aggregation 1

　　C. [SWA] port link-aggregation group 1

　　D. [SWA-Ethernet 1/0/1] port link-aggregation group 1

10. 如果两台交换机间需要使用链路聚合，但其中某一台交换机不支持 LACP 协议，则需要使用的聚合方式是（　　　）。

　　A. 静态聚合　　　　　　B. 动态聚合　　　　　　C. 手工聚合　　　　　　D. 协议聚合

第 4 章
VLAN 技术

本章主要讲述了VLAN（Virtual Local Area Network，虚拟局域网）技术的出现背景，主要是为了解决交换机在进行局域网互联时无法限制广播的问题。这种技术可以把一个物理局域网划分成多个虚拟局域网，每个VLAN就是一个广播域，VLAN内的主机间通信就和在一个LAN内一样，而VLAN间的主机则不能直接互通，这样，广播数据帧被限制在一个VLAN内，增强了网络的安全性和提高了网络的性能。

学习目标

➤了解VLAN技术产生的背景。

➤掌握VLAN的类型及其相关配置。

➤掌握IEEE 802.1q的帧格式。

➤掌握交换机端口的链路类型及其相关配置。

4.1　VLAN 概述

随着信息化技术的发展，局域网的应用范围越来越广泛。但由于局域网内使用广播传输的工作机制，随着局域网内的主机数量日益增多，网络内部大量的广播和冲突带来的带宽浪费、安全等问题变得越来越突出。

为了解决局域网内部广播和安全的问题，行之有效的方法之一就是使用三层网络设备将网络改造成由三层设备连接的多个子网，隔离广播域和冲突域。但这会改造企业的网络架构，增加企业网设备的投入。在三层交换技术发展初期，还有一种行之有效的解决方案就是在现有二层架构的网络上采用VLAN技术改造。

4.1.1　VLAN 技术简介

VLAN技术，利用二层交换设备，把一个平面的局域网逻辑地而不是物理地划分成一个个子网段，也就是把一个物理网络上划分出多个逻辑网络。一个VLAN组成一个逻辑子网，形成一个逻辑广播域，并且允许处于不同地理位置的网络用户加入到一个逻辑子网中。VLAN技术分隔出的逻辑子网有着和普通物理网络同样的属性。

一个VLAN内二层的单播、广播和多播帧转发、扩散，都只在一个VLAN内，而不会进入其他VLAN中。VLAN内的用户就像在一个真实局域网内一样可以互相访问；但不同的VLAN内的用户，无法直接通过数据链路层互相访问，也就是互相隔离。

由于VLAN基于逻辑连接而不是物理连接，所以它提供灵活用户/主机管理、带宽分配及资源优化等服务。VLAN从逻辑上分割广播域，如图4-1所示。

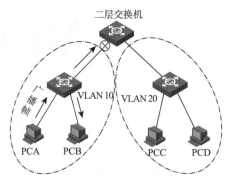

图 4-1　VLAN 分割广播域

如果一台VLAN内主机，想同另一个VLAN内的主机通信，则必须通过一台三层设备（如三层交换机、路由器）才能实现，其通信原理和路由器连接不同的子网一样。

当网络中的不同VLAN间进行相互通信时，需要有三层路由的支持。这时需要增加三层路由设备实现路由功能，既可采用路由器，也可采用三层交换机来完成。

4.1.2　VLAN 的用途

同一个VLAN中的计算机，不论与哪台交换机连接，它们之间通信都好像在同一台交换机上一样。同一个VLAN中的广播，只有VLAN内成员才能听到，不会传输到其他VLAN中。VLAN技术可以有效地控制局域网内不必要的广播扩散，提高网络内带宽资源利用率，减少主机接收不必要的广播所带来资源浪费。

在图4-2中，4台终端主机发出的广播帧在整个局域网中广播，假如每台主机的广播帧流量是100 kbit/s，则4台主机达到400 kbit/s；如果链路是100 Mbit/s带宽，则广播帧占用带宽达到0.4%。但如果网络内主机达到400台，则广播流量将达到40 Mbit/s，占用带宽达到40%，网络上到处充斥着广播流，网络带宽资源被极大地浪费。另外，过多的广播流量会造成网络设备及主机的CPU负担过重，系统反应变慢甚至死机。

在企业网络中，由于地理位置和部门不同，对网络中的数据和资源有不同访问权限要求。例如，在企业网中，财务部和人事部网络中的数据不允许其他部门人员侦听截取，以提高网络内部数据安全性。但在普通二层设备上，由于无法实现广播隔离容易造成安全隐患。可利用交换机的VLAN技术，限制不同工作部门用户二层互访。企业内部网络，通过VLAN技术实现不同部门的安全隔离。

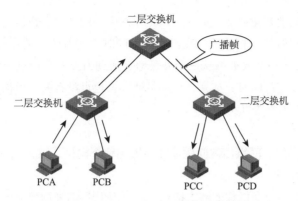

图 4-2　二层交换机无法隔离广播

　　VLAN的划分不受物理位置的限制。不在同一物理位置范围的主机可以属于同一个VLAN；一个VLAN包含的用户可以连接在同一个交换机上，也可以跨越交换机，甚至可以跨越路由器。图4-3所示的大楼内有两台交换机，连接有两个工作组，工程部和财务部使用VLAN技术后，一台交换机相连的PCA与另一台交换机相连的PCC属于工程部，处于同一个广播域内，可以进行本地通信；PCB与PCD属于财务部，处于另一个广播域内，可以进行本地通信。这样就实现了跨交换机的广播域扩展。

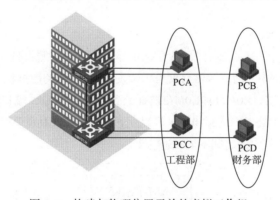

图 4-3　构建与物理位置无关的虚拟工作组

4.1.3　VLAN 的优点

1.有效控制广播域范围
　　广播域被限制在一个VLAN内，广播流量仅在VLAN中传播，节省了带宽，提高了网络处理能力。如果一台终端主机发出广播，交换机只会将此广播发送到所有属于该VLAN的其他端口，而不是所有交换机的端口，从而控制了广播范围，节省了带宽。

2.增强局域网的安全性
　　不同VLAN内的报文在传输时是相互隔离的，即一个VLAN内的用户不能和其他VLAN内的用户直接通信，如果不同VLAN要进行通信，则需要通过路由器或三层交换机等设备。

3.灵活构建虚拟工作组
　　用VLAN可以划分不同的用户到不同的工作组，同一工作组用户也不必局限于某一固定的物理范围，网络构建和维护更加方便灵活。例如，在企业网中使用虚拟工作组后，同一个部门的就好像在同一个LAN上一样，很容易互相访问，交流信息。同时，所有的广播也都限制在该虚拟LAN上，而不影响其他VLAN的人。一个人如果从一个办公地点换到另外一个地点，而他仍然在该部门，那么，该用户的配置无须改变；同时，如果一个人虽然办公地点没有变，但他更换了部门，那么，只需网络管理员更改该用户的配置即可。

4.增强网络的健壮性

当网络规模增大时，部分网络出现问题往往会影响整个网格，引入VLAN之后，可以将一些网络故障限制在一个VLAN之内。

目前，绝大多数以太网交换机都能够支持VLAN。使用VLAN来构建局域网，组网方案灵活，配置管理简单，降低了管理维护的成本。同时，VLAN可以减小广播域的范围，减少VLAN内的广播流量，是高效率，低成本的方案。

4.1.4　VLAN 的类型

VLAN的主要目的就是划分广播域，那么在建设网络时，如何确定这些广播域呢？是根据物理端口、MAC地址、协议还是子网呢？其实，上述参数都可以用来作为划分广播域的依据，下面介绍几种VLAN的划分方法。

1.基于端口的VLAN划分

基于端口的VLAN是最简单、最有效的VLAN划分方法，它按照设备端口来定义VLAN成员。将指定端口加入到指定VLAN中之后，该端口就可以转发指定VLAN的数据帧了。

在图4-4中，交换机端口E0/4/1和E0/4/2被划分到VLAN 10中，端口E0/4/3和E0/4/4被划分到VLAN 20中，则PCA和PCB处于VLAN 10中，可以互通；PCC和PCD处于VLAN 20中，可以互通。但PCA和PCC处于不同VLAN，它们之间不能互通。

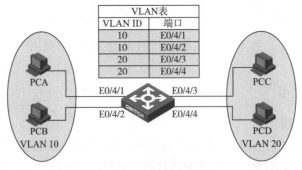

图 4-4　基于端口的 VLAN

基于端口的VLAN划分方法的优点是定义VLAN成员非常简单，只要指定交换机的端口即可；但是，如果VLAN用户离开原来的接入端口，而连接到新的交换机端口，就必须重新指定新连接的端口所属的VLAN ID。

2.基于MAC地址的VLAN划分

这种划分VLAN的方法是根据每个主机的MAC地址来划分的，交换机维护一张VLAN映射表，这个VLAN表记录MAC地址和VLAN的对应关系。

在图4-5中，通过定义VLAN映射表，使PCA的MAC地址MAC_A和PCB的MAC地址MAC_B与VLAN 10关联；使PCC的MAC地址MAC_C和PCD的MAC地址MAC_D与VLAN 20关联。这样，PCA和PCB就处于同一个VLAN，可以本地通信；而PCC和PCD处于另一个VLAN，可以本地通信。

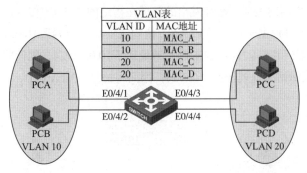

图 4-5　基于 MAC 的 VLAN

这种划分VLAN的方法其最大优点就是当用户物理位置移动时，即从一个交换机换到其他交换机时，VLAN不用重新配置，所以可以认为这种根据MAC地址的划分方法是基于用户的VLAN。

这种方法的缺点是初始配置时，所有的用户的MAC地址都需要收集，并逐个配置，如果用户很多，配置的工作量是很大的。此外，这种划分的方法导致交换机执行效率的降低，因为在每一个交换机的端口都可能存在很多个VLAN组的成员，这样就无法限制广播帧。

3.基于协议的VLAN划分

基于协议的VLAN是根据端口接收到的报文所属的协议类型来给报文分配不同的VLAN ID。

可用来划分VLAN的协议有IP、IPX。交换机从端口接收到以太网帧后，会根据帧中所封装的协议类型来确定报文所属的VLAN，然后将数据帧自动划分到指定的VLAN中传输。

在图4-6中，通过定义VLAN映射表，将IP协议与VLAN 10关联，将IPX协议与VLAN 20关联。这样，当PCA发出的帧到达交换机端口E1/0/1后，交换机通过识别帧中的协议类型，就将PCA划分到VLAN 10中进行传输。PCA与PCB都运行IP协议，则同属于一个VLAN，可以进行本地通信；PCC与PCD都运行IPX协议，同属于另一个VLAN，可以进行本地通信。

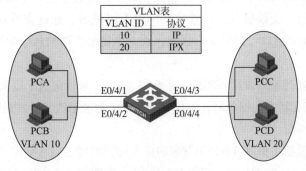

图 4-6　基于协议的 VLAN

此特性主要应用于将网络中提供的协议类型与VLAN相绑定，方便管理和维护。实际当中的应用比较少，因为当前网络中绝大多数主机都运行IP协议，运行其他协议的主机很少。

4.基于子网的VLAN划分

基于子网的VLAN是根据报文源IP地址及子网掩码作为依据来进行划分的。设备从端口接收到报文后，根据报文中的源IP地址，找到与现有VLAN的对应关系，然后自动划分到指定VLAN中转发。此特性主要用于将指定网段或IP地址发出的数据在指定的VLAN中传送。

如图4-7所示，交换机根据子网划分VLAN，使VLAN 10对应网段10.0.0.0/24，VLAN 20对应网段20.0.0.0/24。端口E0/4/1和E0/4/2连接的工作站地址属于10.0.0.0/24，因而将被划入VLAN 10；端口E0/4/3和E0/4/4连接的工作站地址属于20.0.0.0/24，因而将被划入VLAN 20。

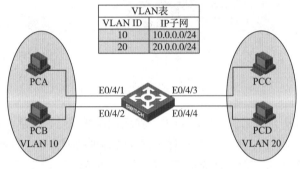

图 4-7　基于子网的 VLAN

这种VLAN划分方法管理配置灵活，网络用户自由移动位置而不需重新配置主机或交换机，并且可以按照传输协议进行子网划分，从而实现针对具体应用服务来组织网络用户，但是，这种方法也有它不足的一面，因为为了判断用户属性，必须检查每一个数据包的网络层地址，这将耗费交换机不少的资源；并且，同一个端口可能存在多个VLAN用户，使得广播的抑制效率有所下降。

从上述几种VLAN划分方法的优缺点综合来看，基于端口的VLAN划分是最普遍使用的方法之一，它也是当前所有交换机都支持的一种VLAN划分方法。

4.2　VLAN 技术原理

以太网交换机根据MAC地址表来转发数据帧。MAC地址表中包含了端口和端口所连接终端主机MAC地址的映射关系。交换机从端口接收到的以太网帧后，通过查看MAC地址表来决定从哪一个端口转发出去，如果端口收到的是广播帧，则交换机把广播帧从除源端口外的所有端口转发出去。

在VLAN技术中，通过给以太网帧附加一个标签（Tag）来标记这个以太网帧能够在哪个VLAN中传播，这样，交换机在转发数据帧时，不仅要查找MAC地址来决定转发到哪个端口，还要检查端口上的VLAN标签是否匹配。

在图4-8中，交换机给主机PCA和PCB发来的以太网帧附加了VLAN 10的标签，给PCC和PCD发来的以太网帧附加了VLAN 20的标签，并在MAC地址表中增加了关于VLAN标签的记录。这样，交换机在进行MAC地址表查找转发操作时，会查看VLAN标签是否匹配。如果不匹配，则交换机不会从端口转发出去。这样相当于用VLAN标签把MAC地址表里的表项区分开来，只有相同VLAN标签的端口之间能相互转发数据帧。

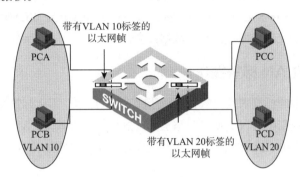

图 4-8　VLAN 标签

4.2.1　VLAN 的帧格式

前面提到过，IEEE 802.1q协议标准规定了VLAN技术，它定义同一个物理链路上承载多个子网的数据流的方法，其主要内容包括如下三部分：

（1）VLAN的架构。

（2）VLAN技术提供的服务。

（3）VLAN技术涉及的协议和算法。

为了保证不同厂家生产的设备能够顺利互通，IEEE 802.1q标准严格规定了统一的VLAN帧格式及其他重要参数。在此重点介绍标准的VLAN帧格式。

如图4-9所示，在传统的以太网帧中添加了4字节的802.1q标签后，成为带有VLAN标签的帧（Tagged Frame）。而传统的不携带802.1q标签的数据帧称为未打标签的帧（Untagged Frame）。

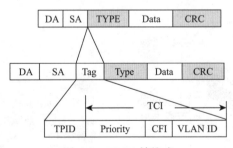

图 4-9　VLAN 帧格式

802.1Q标签头包含2字节的标签协议标识（Tag Protocol Identifier，TPID）和2字节的标签控制信息（Tag Control Information，TCI）。

TPID是IEEE定义的类型，表明这是一个封装了802.1q标签的帧。TPID包含一个固定的值0x8100。

TCI包含的是帧的控制信息，它包含下面一些元素：

（1）Priority：这三位指明数据帧的优先级。一共有8种优先级，即0~7。

（2）CFI（Canonical Format Indicator）：CFI值为0说明是规范格式，为1说明是非规范格式。它被用在令牌环/源路由FDDI介质访问方法中来指示封装帧中所带地址的比特次序信息。

（3）VLAN ID（VLAN Identifier）：共12比特，指明VLAN的编号。VLAN编号一共有4 096个，每个支持IEEE 802.1q协议的交换机发送出来的数据都会包含这个域，以指明自己属于哪一个VLAN。

4.2.2 单交换机 VLAN 标签操作

交换机根据数据帧中的标签来判定数据帧属于哪一个VLAN，那么标签是从哪里来的呢？VLAN标签是由交换机端口在数据帧进入交换机时添加的。这样做的好处是，VLAN对终端主机是透明的，终端主机不需要知道网络中VLAN是如何划分的，也不需要识别带有802.1q标签的以太网帧，所有的相关事情由交换机负责。

如图4-10所示，当终端主机发出的以太网到达交换机端口时，交换机根据相关的VLAN配置而给进入端口的帧附加相应的802.1q标签。默认情况下，进入交换机端口所附加的VLAN ID等于端口所属VLAN的ID。端口所属的VLAN称为端口默认VLAN，又称PVID（Port VLAN ID）。

同样，为保持VLAN技术对主机透明，交换机负责剥离出端口的以太网帧的802.1q标签，这样，对于终端主机来说，它发出和接收到的都是普通的以太网帧。

只允许默认VLAN的以太网帧通过的端口称为Access链路类型端口，Access端口在收到以太网帧后打VLAN标签，转发出端口时剥离VLAN标签，对终端主机透明，所以通常用来连接不需要识别802.1q协议的设备，如终端主机、路由器等。

通常在单交换机VLAN环境中，所有端口都是Access链路类型端口。图4-11所示交换机连接有4台PC，PC并不能识别带有VLAN标签的以太网帧。通过在交换机上设置与PC相连的端口属于Access链路类型端口，并指定端口属于哪一个VLAN，使交换机能够根据端口进行VLAN划分，不同VLAN间的端口属于不同广播域，从而隔离广播。

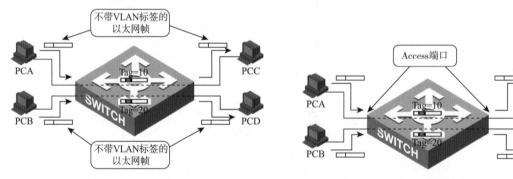

图 4-10 VLAN 标签操作   图 4-11 Access 链路类型端口

4.2.3 跨交换机 VLAN 标签操作

VLAN技术很重要的功能是在网络中构建虚拟工作组，划分不同的用户到不同的工作组，同一工作组的用户也不必局限于某一固定的物理范围。通过在网络中实施跨交换机VLAN，能够实现虚拟工作组。

VLAN跨越交换机时，需要交换机之间传递的以太网数据帧带有802.1q标签，这样，数据帧所属的VLAN信息才不会丢失。在图4-12中，PCA和PCB所发出的数据帧到达SWA后，SWA将这些数据帧分别打VLAN 10和VLAN 20的标签，SWA的端口E0/4/0负责对这些带802.1q标签的数据帧进行转发，并不对其中的标签进行剥离。

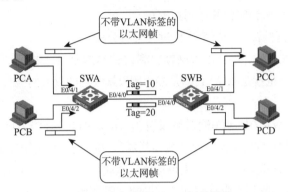

图 4-12   跨交换机 VLAN 标签操作

1.Trunk链路类型端口

上述不对VLAN标签进行剥离操作的端口就是Trunk链路类型端口。Trunk链路类型端口可以接收和发送多个VLAN的数据帧，且在接收和发送过程中不对帧中的标签进行任何操作。

注意： 默认VLAN（PVID）帧是一个例外，在发送帧时，Trunk端口要剥离默认VLAN中的标签；同样，交换机从Trunk端口接收到不带标签的帧时，要打上默认VLAN标签。

图4-13所示为PCA至PCC、PCB至PCD的标签操作流程。下面先分析从PCA到PCC的数据帧转发及标签操作过程。

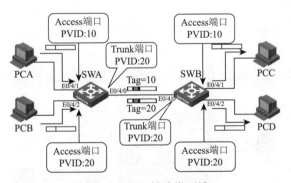

图 4-13   Trunk 链路类型端口

（1）PCA到SWA。PCA发出普通以太网帧，到达SWA的E0/4/1端口。因为端口E0/4/1被设置为Access端口，且其属于VLAN 10，也就是默认VLAN是10，所以接收到的以太网帧被打上VLAN 10标签，然后根据MAC地址表在交换机内部转发。

（2）SWA到SWB。SWA的E0/4/0端口被设置为Trunk端口，且PVID被配置为20，所以，带有VLAN 10标签的以太网帧能够在交换机内部转发到端口E0/4/0；且因为PVID是20，与帧中的标签不同，所以交换机不对其进行标签剥离操作，只是从端口E0/4/0转发出去。

（3）SWB到PCC。SWB收到帧后，从帧中的标签得知它属于VLAN 10。因为端口设置为Trunk端口，且PVID被配置为20，所以交换机并不对帧进行剥离标签操作，只是根据MAC地址表进行内部转发。因为此帧带有VLAN 10标签。而端口E/0/1被设置为Access端口，且其属于VLAN 10，所以交换机将帧转发至端口E0/4/1，经剥离标签后到达PCC。

再对PCB到PCD的数据帧转发及标签操作过程进行分析。

（1）PCB到SWA。PCB发出普通以太网帧，到达SWA的E0/4/2端口，因为端口E0/4/2被设置为Access且其属于VLAN 20，也就是默认VLAN是20，所以接收到的以太网被打上VLAN 20标签，然后在交换机内部转发。

（2）SWA到SWB。SWA的E0/4/0端口被设置为Trunk端口，且PVID被配置为20，所以，带有VLAN 20标签的以太网帧能够在交换机内部转发到端口E0/4/0；且因为PVID是20，与帧中的标签相同，所以交换机对其进行标签剥离操作，去掉标签后从端口E0/4/0转发出去。

（3）SWB到PCD。SWB收到不带标签的以太网帧。因为端口设置为Trunk端口，且PVID被配置为20，所以交换机对接收到的帧添加VLAN 20的标签，再进行内部转发。因为此帧带有VLAN 20标签，而端口E0/4/2被设置为Access端口，且其属于VLAN 20，所以交换机将帧转发至端口E0/4/2，经剥离标签后到达PCD。

Trunk端口通常用于跨交换机VLAN。通常在多交换机环境下，且需要配置跨交换机VLAN时，与PC相连的端口被设置为Access端口；交换机之间互联的端口被设置为Trunk端口。

2.Hybrid链路类型端口

除了Access链路类型和Trunk链路类型端口外，交换机还支持第三种链路类型端口，称为Hybrid链路类型端口。Hybrid端口可以接收和发送多个VLAN的数据，同时还能够指定对任何VLAN帧进行剥离标签操作。

当网络中大部分主机之间需要隔离，但这些隔离的主机又需要与另一台主机互通时，可以使用Hybrid端口。

图4-14所示为PCA至PCC、PCB到PCC的标签操作流程。下面分析从PCA到PCC的数据帧转发及标签操作过程。

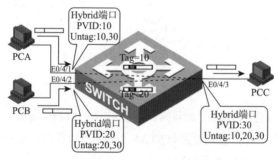

图 4-14　Hybrid 链路类型端口

（1）PCA到SWA。PCA发出普通以太网帧，到达交换机的E0/4/1端口，因为端口E0/4/1被设置为Hybrid端口，且其默认VLAN是10，所以，接收到的以太网帧被打上VLAN 10标签，然后根据MAC地址表在交换机内部转发。

（2）SWA到PCC。SWA的E0/4/3端口被设置为Hybrid端口，且允许VLAN 10、VLAN 20、VLAN 30的数据帧通过，但通过时要进行剥离标签操作（Untag：10，20，30），所以，带有VLAN 10标签的以太网帧能够被交换机从端口E1/0/24转发出去，且被剥离标签。

（3）PCC到SWA。PCC对收到的帧进行回应，PCC发出的是普通以太网帧，到达交换机的E0/4/3端口。因为端口E0/4/3被设置为Hybrid端口，且其默认VLAN是30，所以接收到的以太网帧被打上VLAN 30标签，然后根据MAC地址表在交换机内部转发。

（4）SWA到PCA。SWA的E0/4/1端口被设置为Hybrid端口，且允许VAN 10、VLAN 30的数据帧通过，但通过时要进行剥离标签操作（Untag：10，30），所以，带有VLAN 30标签的以太网帧能够被交换机从端口E0/4/1转发出去，且被剥离标签。

这样，PCA与PCC之间的主机能够通信。

同理，根据上述分析过程，可以分析PCB能够与PCC进行通信。

PCA与PCB之间能否通信呢？答案是否定的，因为PCA发出的以太网帧到达连接PCB的端口时，端口上的设定（Untag：20，30）表明只对VLAN 20、VLAN 30的数据转发且剥离标签，而不允许VLAN 10的帧通过，所以PCA与PCB不能互通。

4.3　VLAN 配置

4.3.1　VLAN 基本配置

1.创建VLAN

默认情况下，交换机只有VLAN1，所有的端口都属于VLAN1且是Access链路类型端口。如果想在交换机上创建新的VLAN，并指定属于这个VLAN的端口。其配置的基本步骤如下：

（1）在系统视图下创建VLAN并进入VLAN视图。配置命令如下：

vlan *vlan-id*

（2）在VLAN视图下将指定端口加入到VLAN中。配置命令如下：

port *interface-list*

2.Trunk端口配置

Trunk端口能够允许多个VLAN的数据帧通过，通常用于在交换机之间互联，配置某个端口成为Trunk端口的步骤如下：

（1）在以太网端口视图下指定端口链路类型为Trunk。配置命令如下：

port *link-type trunk*

（2）默认情况下，Trunk端口只允许默认VLAN即VLAN1的数据帧通过，所以，需要在以太网端口视图下指定哪些VLAN帧能够通过当前Trunk端口。配置命令如下：

port trunk permit vlan{*vlan-id-list* | **all**}

（3）必要时，可以在以太网端口视图下设定Trunk端口的默认VLAN。配置命令如下：

port trunk pvid vlan *vlan-id*

注意：默认情况下，Trunk端口的默认VLAN是VLAN1。可以根据实际情况修改默认VLAN，以保证两端交换机的默认VLAN相同为原则，否则会发生同一VLAN内的主机跨交换机不能够通信的情况。

3.Hybrid端口配置

在某些情况下，需要用到 Hybrid端口。Hybrid端口也能够允许多个VLAN帧通过，并且可以指定哪些VLAN数据帧被剥离标签。配置某个端口成为Hybrid端口的步骤如下：

（1）在以太网端口视图下指定端口链路类型为Hybrid。配置命令如下：

port link-type hybrid

（2）默认情况下，所有Hybrid端口只允许VLAN1通过，所以，需要在以太网端口视图下指定哪些VLAN数据帧能够通过Hybrid端口，并指定是否剥离标签。配置命令如下：

port hybrid vlan *vlan-id-list*{ **tagged** | **untagged** }

（3）在以太网端口视图下设定Hybrid端口的默认VLAN。配置命令如下：

port hybrid pvid vlan *vlan-id*

注意：Trunk端口不能直接被设置为 Hybrid端口，只能先设置为Access端口，再设置为Hybrid端口。

视 频

VLAN配置

4.3.2 VLAN 配置实例

图4-15所示为VLAN的基本配置示例。图中PCA与PCC属于VLAN 10，PCB与PCD属于VLAN 20，交换机之间使用Trunk端口相连，端口的默认VLAN是VLAN1。在SWA各SWB上配置VLAN，使得同一VLAN主机可以相互访问。

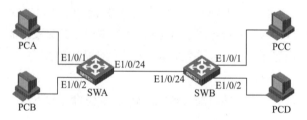

图 4-15 VLAN 的基本配置示例

配置SWA过程如下：

[SWA] vlan l0

[SWA-vlan10] port Ethernet 1/0/1

[SWA] vlan 20

[SWA-vlan20] port Ethernet 1/0/2

[SWA] interface Ethernet 1/0/24

[SWA-Ethernet1/0/24] port link-type trunk

[SWA-Ethernet1/0/24] port trunk permit vlan 10 20

配置SWB过程如下：

[SWB] vlan 10

[SWB-vlan10] port Ethernet 1/0/1

[SWB] vlan 20

[SWB-vlan20] port Ethernet 1/0/2

[SWB] interface Ethernet 1/0/24

[SWB-Ethernetl/0/24] port link-type trunk

[SWB-Ethernet1/0/24] port trunk permit vlan 10 20

配置完成后，PCA与PCC能够互通，PCB与PCD能够互通；但PCA与PCB、PCC与PCD之间不能够互通。

在任意视图下可以使用display vlan命令查看交换机当前启用的VLAN。其输出信息如下：

\<SWA\>display vlan

VLAN function is enabled.

Total 3 VLAN exist(s).

Now，the following VLAN exist(s)：

1(default)10，20

由输出中可以看到，当前交换机上有VLAN1、VLAN 10、VLAN 20存在，VLAN1是默认VLAN。

如果要查看某个具体VLAN所包含的端口，可以使用display vlan vlan-id命令。其输出信息如下：

\<SWA\>display vlan 20

VLAN ID：20

VLAN Type：static

Route interface：not configured

Description：VLAN 0020

Tagged Ports：

Ethernet 1/0/24

Untagged Ports：

Ethernet 1/0/2

由输出可以看到，VLAN 20中包含了Ethernet 1/0/2和Ethernet 1/0/24两个端口。端口Ethernet 1/0/24是Tagged的端口，即VLAN 20数据帧可以携带标签通过此端口；而端口Ethernet 1/0/2是Untagged的端口，即VLAN 20数据帧到此端口时要进行标签剥离操作。

如果要查看具体端口的VLAN信息，可以使用display interface命令。其输出信息如下：

\<SWA\>display interface ethernet 1/0/1

....

PVID：10

Mdi type：auto

Portlink-type：access

Tagged VLAN ID：none

Untagged VLAN ID：10

Port priority：0

由输出可知，端口Ethernet 1/0/1的端口链路类型为Access，默认VLAN（PVID）是VLAN 10。

如果端口Ethernet 1/0/1是Trunk或Hybrid端口，则输出中还会显示哪些VLAN帧是携带标签通过，哪些VLAN帧需要剥离标签。

小　结

◇　VLAN的作用是限制局域网中广播传送的范围。

◇　通过对以太网帧进行打标签操作，交换机区分不同VLAN的数据帧。

◇　交换机的端口默认为Access链路类型，还有Trunk和Hybrid链路类型。

习　题

选择题

1. VLAN 技术的优点是（　　）。

　　A. 增强通信的安全性　　　　　　　　　B. 增强网络的健壮性

　　C. 建立虚拟工作组　　　　　　　　　　D. 限制广播域范围

2. VLAN 编号最大是（　　）。

　　A. 1 024　　　　　　B. 2 048　　　　　　C. 4 096　　　　　　D. 无限制

3. Access 端口在收到以太网帧后，以及把以太网帧从端口转发出去时，需要进行（　　）操作。

　　A. 添加 VLAN 标签，添加 VLAN 标签

　　B. 添加 VLAN 标签，剥离 VLAN 标签

　　C. 剥离 VLAN 标签，剥离 VLAN 标签

　　D. 剥离 VLAN 标签，添加 VLAN 标签

4. 两个交换机之间互联，交换机上的 PC 属于相同的 VLAN。如果要想使 PC 间能够相互通信，则通常情况下，需要设置交换机连接到 PC 的端口和交换机之间相连的端口分别是（　　）。

　　A. Access 端口，Access 端口　　　　　　B. Access 端口，Trunk 端口

　　C. Trunk 端口，Trunk 端口　　　　　　　D. Trunk 端口，Access 端口

5. 默认情况下，交换机上所有端口属于 VLAN（　　）。

　　A. 0　　　　　　　　B. 1　　　　　　　　C. 1024　　　　　　D. 4095

第5章
生成树协议

本章首先讲述网络冗余的必要性及带来的问题，然后重点讲述STP的工作原理，包括桥协议数据单元分类及组成、根桥选举、端口角色确定、端口状态等，并简单讲述RSTP和MSTP的原理，最后通过实例讲述生成树基本配置等方面的知识。

(学习目标)

➢了解STP产生的背景。

➢掌握STP基本工作原理。

➢掌握RSTP和MSTP基本原理。

➢掌握生成树的配置方法。

➢掌握以太网链路聚合配置方法。

5.1 网络冗余的必要性及带来的问题

5.1.1 网络冗余的必要性

随着信息时代的到来，网络对人们工作和生活越来越重要。在很多行业和企业用户里，对网络实时性的要求都很高，如金融、证券、航空、铁路、邮政及一些企业用户等，他们的网络是不允许出现故障的，一旦出现故障，将带来巨大的经济损失。随着对网络依赖性的增强，网络工程人员在规划设计网络时，如何增强企事业单位网络的可靠性和稳定性，就成了网络规划的一项重要课题。

在主干网络中核心设备连接时，单一链路连接很容易因为简单故障造成网络中断。在实际网络组建的过程中，为了保持网络的稳定性，组建由多台交换机组成的网络环境时，通常都使用一些备份连接链路，以提高网络的健壮性、稳定性。

这里的备份连接也称备份链路或冗余链路，备份链路之间的交换机经常互相连接成一个环路，通过环路可以在一定程度上实现冗余。使网络更加可靠、减少故障影响的一个重要方法就是"冗余"。在网络中出现单点故障时，还有其他备份的组件可以使用，整个网络基本不受影响。

网络冗余是在核心网络建设规划时必需的要素，其改型的拓扑结构可以减少网络的停机抢修对用户应用带来的影响。单条链路、单个端口、单台网络设备都可能发生故障风险，影响整个网络的正常运行。而备份的链路、端口或设备，就可以很好地解决这些问题，可尽量减少连接丢失造成损失，从而保障网络不间断地运行。使用冗余备份能够为网络带来健壮性、稳定性和可靠性，提高网络容错性能。

图5-1所示的场景是一个具有冗余拓扑结构的交换网络，SW1交换机的E0/4/1接口与交换机SW3的E0/4/1接口之间链路是一个冗余备份连接。当主链路（SW1的E0/4/2与SW2的E0/4/2接口之间链路或SW2的E0/4/3与SW3的E0/4/3之间链路）出现故障时，访问文件服务器流量会从备份链路传输，从而提高了网络可靠性和稳定性。

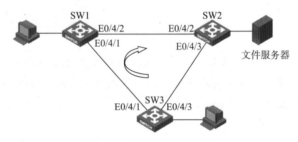

图 5-1　交换网络冗余链路

5.1.2　网络冗余带来的问题

网络冗余拓扑的目的是减少网络因单点故障而引起的网络故障，所有主干网络都需要利用网络冗余，提高网络可靠性。但冗余拓扑会使物理网络形成环路，物理层环路容易引起网络出现广播风暴、多帧复制和MAC地址表抖动等问题，从而导致网络不可用。

1.广播风暴

默认情况下，交换机对网络中生成的广播帧不进行过滤，会将目的地址看作广播地址信息广播到所有接口。如果网络中存在环路，这些广播信息将在网络中不停转发，甚至形成广播风暴。广播风暴会导致交换机出现超负载运转（如CPU过度使用、内存耗尽等），最终耗尽所有带宽资源，导致网络中断。

图5-2所示为网络中广播风暴形成的过程。首先，PCA发送一个广播帧（如ARP广播帧），这个广播帧会被交换机SW1接收。交换机SW1收到这个帧，查看目的MAC地址是广播地址，会向除接收接口之外所有接口转发。

交换机SW2分别从接口E0/4/1和E0/4/2收到广播帧两个副本，会向除接收接口之外所有接口转发，因此，从接口E0/4/1接收广播帧转发给接口E0/4/2和PCB；从接口E0/4/2接收广播帧转发给接口E0/4/1和PCB。

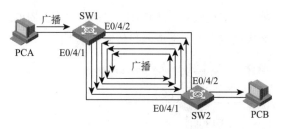

图 5-2　环路形成广播风暴

交换机SW2从接口E0/4/1和E0/4/2转发广播帧，再次被交换机SW1收到，SW1同样把从接口E0/4/1接收到的广播帧转发给接口E0/4/2和PCA；把从接口E0/4/2接收到的广播帧转发给端口E0/4/1和PCA。这个过程在SW1和SW2之间循环往复、永不停止，直到耗尽交换机CPU资源，网络中断为止。

2.多帧复制

多帧复制会造成目的站点收到某个数据帧的多个副本，不但浪费目的主机资源，还导致上层协议在处理这些数据帧时无从选择，多次解析增加了网络延时，如图5-3所示。

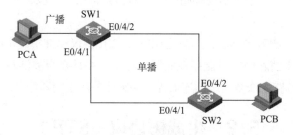

图 5-3　多帧复制

当PCA发送一个单播帧给PCB时，交换机SW1的MAC地址表中如果没有PCB地址条目，就会把这个单播帧从接口E0/4/1和E0/4/2广播出去，因此，交换机SW2就会从接口E0/4/1和E0/4/2，分别收到两个发给PCB的单播帧。

如果交换机SW2的MAC地址表中已有PCB的地址记录，就会将这两个帧分别转发给PCB，PCB就收到同一个帧的两份副本，形成多帧复制。目的主机可能会收到某个数据帧的多个副本，此时，会导致上层协议在处理这些数据帧时无从选择，严重时还可能导致网络连接的中断。

3.MAC地址表抖动

MAC地址表抖动现象也就是交换机中的MAC地址表出现不稳定，由于相同帧副本在同一台交换机的两个不同接口被接收，造成设备反复刷新地址表。如果交换机将资源都消耗在复制不稳定MAC地址表上，数据转发功能就可能被削弱。

如图5-3所示，当交换机SW2从接口E0/4/1收到PCA发出的单播帧时，会将接口E0/4/1与PCA对应关系写入MAC地址表；当交换机SW2随后又从接口E0/4/2收到PCA发出的单播帧时，会将MAC地址表中PCA对应接口改为E0/4/1，这就造成MAC地址表抖动。当PCB向PCA回复一个单播帧后，同样的情况也会发生在交换机SW1中。

图5-4所示为地址表抖动的过程。交换机SW2的MAC地址表中关于PCA的地址记录会在接口

E0/4/1和E0/4/2间不断刷新跳变；交换机SW1的MAC地址表中主机B的地址记录同样会在接口E0/4/1和E0/4/2间不断刷新跳变，无法稳定下来，造成网络传输效率下降。

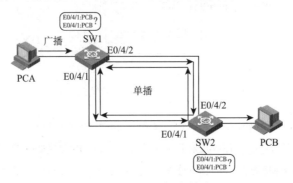

图 5-4　MAC 地址表抖动

那么应该怎样来解决这个问题呢？人们可能首先想到的是保证网络不存在物理上的环路。但是，当网络变得复杂时，要保证没有任何环路是很困难的，并且在许多可靠性要求高的网络，为了能够提供不间断的网络服务，采用物理环路的冗余备份是常用的手段，所以保证网络不存在环路是不现实的。

IEEE提供了一个很好的解决办法，那就是IEEE 802.1d协议标准中规定的STP，它能够通过阻断网络中存在的冗余链路来消除网络可能存在的路径环路，并且在当前活动（Active）路径生故障时激活被阻断的冗余备份链路来恢复网络的连通性，保障业务的不间断服务。

5.2　生成树协议（STP）

5.2.1　生成树协议概述

生成树协议（STP）是由IEEE协会制定的，用于在局域网中消除数据链路层物理环路，其标准名称为802.1d，运行该协议的设备通过彼此交互信息发现网络中的环路，并有选择地对某些端口进行阻塞，最终将环路网络结构修剪成无环路的树状网络结构，从而防止报文在环路网络中不断增生和无限循环，避免设备由于重复接收相同的报文造成的报文处理能力下降的问题发生。

1.桥协议数据单元

STP采用的协议报文是BPDU（Bridge Protocol Data Unit，桥协议数据单元），BPDU包含了足够的信息来完成生成树的计算。

BPDU分为如下两类：

（1）配置BPDU（Configuration BPDU）：用来进行生成树计算和维护生成树拓扑的报文。

（2）TCN BPDU（Topology Change Notification BPDU）：当拓扑结构发生变化时，用来通知相关设备网络拓扑结构发生变化的报文。

STP协议的配置BPDU报文携带了如下几个重要信息：

（1）根桥ID（Root ID）：由根桥（Root Bridge）的优先级和MAC地址组成。通过比较BPDU中的根桥ID，STP最终决定谁是根桥。

（2）根路径开销（Root Path Cost）：到根桥的最小路径开销。如果是根桥，则其根路径开销为0；如果是非根桥，则为到达根桥的最短路径上所有路径开销的和。

（3）指定桥ID（Designated Bridge ID）：生成或转发BPDU的桥ID，由桥优先级和桥MAC地址组成。

（4）指定端口ID（Designated Port ID）：发送BPDU的端口ID，由端口优先级和端口索引号组成。

各台设备的各个端口在初始时会生成以自己为根桥的配置消息，根路径开销为0，指定桥ID为自身设备ID，指定端口为本端口。各台设备都向外发送自己的配置消息，同时会收到其他设备发送的配置消息。通过比较这些配置消息，交换机进行生成树计算，选举根桥，决定端口角色，最终，生成树计算的结果如下：

（1）对于整个STP网络，唯一的根桥被选举出来。

（2）对于所有的非根桥，选举出根端口和指定端口，负责流量转发。

网络收敛后，根桥会按照一定的时间间隔产生并向外发送配置BPDU，BPDU报文携带有Root ID、RootPath Cost、Designated Bridge ID、Designated Port ID等信息，然后传播到整个网络，如图5-5所示。其他网桥收到BPDU报文后，根据报文中携带的信息而进行计算，确定端口角色，然后向下游网桥发出更新后的BPDU报文。

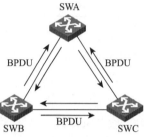

图 5-5 BPDU 传递

2.桥ID

桥ID共8字节，由2字节桥优先级和6字节桥MAC地址组成，如图5-6所示。拥有最低桥ID交换机将成为根桥。桥优先级是0～65 535的数字，默认值是32 768（0x8000），优先级最低的交换机将成为根桥。若优先级相同，则比较MAC地址，具有最低MAC地址的交换机将成为根桥。

3.端口ID

端口ID也参与决定到根桥的路径。端口ID共由2字节组成，由1字节的端口优先级和1字节的端口编号组成。如图5-7所示，端口优先级是0～255的数字，默认值是128（0x80）。端口编号按照端口在交换机上的顺序排列。例如，1/1端口的ID是0x8001，1/2端口的ID是0x8002。端口优先级数字越小，则优先级越高。如果优先级相同，则端口编号越小，优先级越高。

图 5-6 桥 1D

图 5-7 端口 ID

4.根路径开销

根路径开销是STP中用来判定到达根桥的距离的参数。STP在进行根路径开销计算时，是将所接收BPDU中的根路径开销值加上自己接收端口的链路开销值。对根桥而言，其根路径开销为0；对非根桥而言，根路径开销为到达根桥的最短路径上所有路径开销的和。

通常情况下，链路的开销与物理带宽成反比。带宽越大，表明链路通过能力越强，则路径开销越小。

IEEE 802.1d和IEEE 802.1t定义了不同速率和工作模式下的以太网链路（端口开销），H3C则根据实际的网络运行状况优化了开销的数值定义，制定了私有标准，上述三种标准的常用定义如表5-1所示。其他细节定义参照相关标准文档及设备手册。

表5-1　链路开销标准

链路速率	802.1d	802.1t	私有标准
0	65 535	200 000 000	200 000
10 Mbit/s	100	2 000 000	2 000
100 Mbit/s	19	200 000	200
1 000 Mbit/s	4	20 000	20
10 Gbit/s	2	2 000	2

H3C交换机默认采用私有标准定义的链路开销。交换机端口的链路开销可手工设置，以影响生成树的选路。

图5-8所示为根路径开销计算示例。因为SWA是根桥，所以它所发出的BPDU报文中所携带的Root Path Cost值为0，SWB从端口E0/1收到BPDU报文后，将BPDU中的Root Path Cost值与端口Cost（千兆以太链路的默认值是20）相加，得出20，则SWB的端口E0/1到根的Root Path Cost值为20，然后更新自己的BPDU，从另一个端口E0/2转发出去。

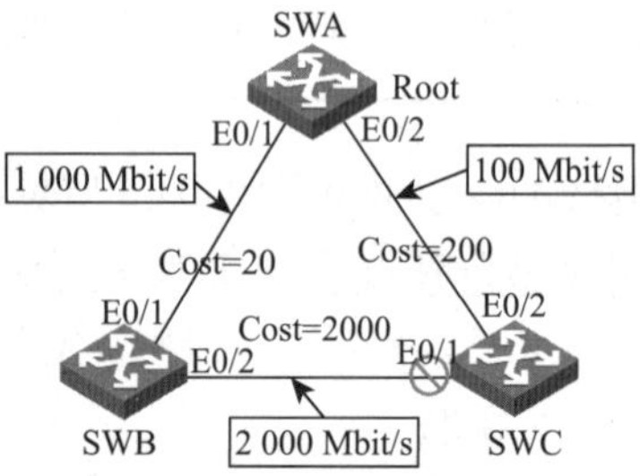

图 5-8　根路径开销计算

同理，SWC从端口E0/1收到SWB发出的BPDU报文后，将BPDU中的Root Path Cost值20与端口Cost值2000相加，得出2020。则SWC的端口E0/1到根的Root Path Cost值为2020。同样，可以计算出，SWB的端口E0/2到根的Root Path Cost值为2200，SWC的端口E0/2到根的Root Path Cost值为200。

5.2.2　生成树协议的工作过程

1.根桥选举

树状网络结构必须要有树根，于是STP引入了根桥的概念。

网络中每台设备都有自己的桥ID，桥ID由桥优先级和桥MAC地址两部分组成。因为桥MAC地址在网络中是唯一的，所以能够保证桥ID在网络中也是唯一的，在进行桥ID比较时，先比较优先级，优先级值小者为优；在优先级相等的情况下，用MAC地址来进行比较，MAC地址小者为优。

网络初始化时，网络中所有的STP设备都认为自己是"根桥"。设备之间通过交换配置BPDU而比较桥ID，网络中桥ID最小的设备被选为根桥。根桥会按照一定的时间间隔产生并向外发送配置BPDU，其他设备对该配置BPDU进行转发，从而保证拓扑的稳定。

在图5-9中，三台交换机参与STP根桥选举，SWA的桥ID为1.00000000，SWB的桥ID为16.0000001，SWC的桥ID为1.000000002。三台交换机之间进行桥ID比较，因为SWA与SWC的桥优先级最小，所以排除SWB；而比较SWA与SWC之间的MAC地址，发现SWA的MAC地址比SWC的MAC地址小，所以SWA被选举为根桥。

因为桥的MAC地址在网络中是唯一的，所以网络中不会出现相同的桥ID，总能够选举出根桥。

2.确定端口角色

STP的作用是通过阻断冗余链路使一个有回路的桥接网络修剪成一个无回路的树状拓扑结构，它通过将环路上的某些端口置为阻塞状态，不允许数据帧通过而做到这一点。下面是确定哪些端口是阻塞状态的过程。

（1）根桥上的所有端口为指定端口（Designated Port，DP）。

（2）为每个非根桥选择根路径开销最小的那个端口作为根端口（Root Port，RP），该端口到根桥的路径是此网桥到根桥的最佳路径。

（3）为每个物理段选出根路径开销最小的那个网桥作为指定桥（Designated Bridge），该指定桥到该物理段的端口作为指定端口，负责所在物理段上的数据转发。

（4）既不是指定端口也不是根端口的端口是AP（Alternate Port）端口，置于阻塞状态，不转发普通以太网数据帧。

图5-10所示为一个STP确定端口角色的示例。

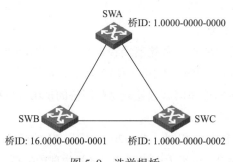

图 5-9　选举根桥

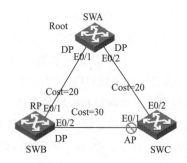

图 5-10　确定端口角色

（1）SWA端口角色的确定。在图5-10中，STP协议经过交互BPDU配置报文，选举出SWA为根桥。因为根桥是STP网络中数据转发的中心点，所以，根桥上的所有端口都是指定端口，处于转发状态，向它的下游网桥转发数据。

注意：此处的上游网桥、下游网桥是根据BFDU报文转发的流向来定义的，数据报文的转发并没有上游、下游之分。

（2）SWB端口角色的确定。从拓扑可知，SWB上有两个端口能够收到根桥SWA发来的BPDU，也就是说，SWB上有两个端口能够到达根桥。STP协议必须判定哪个端口离根桥最近，它通过比较到达根桥的开销（Cost）来做到这一点。在图5-10中，端口E0/1到达根桥的开销是10，而端口E0/2到达根桥的开销是20+30=50，很明显，端口E0/1到达根桥开销小，也就是端口E0/1离根桥最近，所以STP确定端口E0/1是SWB上的根端口，端口处于转发状态。

对于非根桥来说，只需要一个端口为根端口，因为很明显，如果非根桥有两个端口为根端口，处于转发状态；而根桥上所有端口肯定都是指定端口，也处于转发状态，环路就形成了有悖于STP阻塞交换网络环路的初衷，所以端口E0/2不能成为根端口。

SWB和SWC之间存在着物理段（物理链路）。实际网络中，这条物理段有可能通集线器或不支持STP的交换机连接到终端主机，所以STP协议必须考虑如何将数据转发到这条物理段上。那么是由SWB还是由SWC来负责向这条物理段转发数据呢？这取决于哪个网桥离根桥近，离根桥最近的网桥负责向这个网段转发数据。

所以，通过交互BPDU，STP发现SWB离根桥近（因为SWB到根桥的开销是10，小于SWC到根桥的开销20），所以，STP确定SWB是SWB和SWC之间物理段的指定桥，而端口E0/2也就是指定端口，处于转发状态。

（3）SWC端口角色的确定。因为SWC与SWB同为非根桥，所以SWC确定端口的过程与SWB类似。端口E0/2离根桥近，所以被确定为根端口在STP协议中，一个物理段上只需要确定一个指定端口。如果一个物理段上有两个指定端口，都处于转发状态，则会在图5-10中的拓扑环境中产生环路。由于SWB与SWC之间物理段已经确定好了指定端口（SWB的端口E0/2），所以SWC上端口E0/1不能成为根端口（因为端口E0/2已经是根端口，一个桥只能有一个根端口），也不能成为指定端口，则端口E0/1处于阻塞状态。

3.利用桥ID确定端口角色

在前面的示例中，交换机根据根路径开销来确定了端口角色。但在某些网络拓扑中，根路径开销是相同的，这时生成树协议需要根据桥ID来决定端口角色。

当一个非根桥上有多个端口经过不同的上游到达根桥，且这些路径的根路径开销相同时，STP协议会比较各端口的上游指定桥ID，所连接到上游指定桥ID最小的端口被选举为根端口；当一个物理段有多个网桥到根的路径开销相同，进行指定桥选举时，也比较这些网桥的桥ID，桥ID最小的桥被选举为指定桥，指定桥上的端口为指定端口。

在图5-11中，SWD有两个端口能到达根，且根路径开销相同，都是20。但因SWB的桥ID小于SWC的桥ID，所以连接SWB的端口为根端口，同样，SWB被选举为SWB和SWC之间物理段的指定桥，SWB上的端口为指定端口。

因为桥ID是唯一的，所以通过比较桥ID可以对经过多个桥到达根桥的路径好坏进行最终判定。

4.利用端口ID确定端口角色

在根路径开销和上游指定桥ID都相同的情况下，STP根据端口ID来决定端口角色。如果非根桥上多个端口经过相同的上游桥到达根，且根路径开销相同，则协议会比较端口所连上游桥的端口ID，所连接到上游指定端口ID最小的端口被选举为根端口。端口ID由端口优先级和索引号两部分组成。在进行比较时，先比较端口优先级，优先级小的端口优先；在优先级相同时，再比较端口索引号，索引号小的端口优先。

在图5-12中，SWB上的两个端口连接到SWA，这两个端口的根路径开销相同，上游指定桥ID也相同，协议根据上游指定端口ID来判定，由于在默认情况下，端口SWB优先级相同，所以只能比较端口索引号，因此连接SWA上端口E0/1的端口为根端口。在通常情况下，端口索引号无法改变，用户可通过设置端口优先级（默认值128）来影响生成树的选路。例如，如果想让SWB的端口E0/1成为阻塞状态，则在SWA上调整端口E0/2的优先级大于E0/1即可。

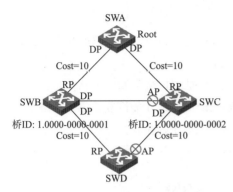

图 5-11　桥 ID 确定端口角色

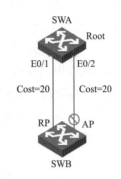

图 5-12　端口 ID 确定端口角色

5.2.3　生成树协议端口状态

当交换机加电启动后，所有的端口从初始化状态进入阻塞状态，开始监听BPDU消息帧到来。当交换机第一次启动时，它会认为自己是根网桥，所以转为监听状态。如果一个端口处于阻塞状态，并在一个最大老化时间（20 s）没有接收到新BPDU帧，端口也会从阻塞状态转换为监听状态。

在监听状态，所有交换机选举根桥，在非根网桥上选举根端口，并且在每一个网段中选举指定端口。经过一个转发延迟（15 s）后，端口进入学习状态。

如果一个端口在学习状态结束后（经过转发延迟15 s）还是一个根端口或者指定端口，这个端口就进入转发状态，可以接收和发送用户数据，否则就转回阻塞状态。最后生成树经过一段时间（默认值50 s左右）稳定之后，所有端口或者进入转发状态，或者进入阻塞状态。

在STP中，正常端口具有4种状态，分别为阻塞（Blocking）、监听（Listening）、学习（Learning）和转发（Forwarding）。端口的状态就在这4种状态里面变化，其过程如图5-13所示。

（1）Blocking：启用端口初始状态。端口不能传输数据，不能把MAC地址加入地址表，只能接收BPDU。如果检测到一个环路，或者端口失去根端口或者指定端口状态，就会返回到阻塞状态。

（2）Listening：如果端口成为根端口或者指定端口，就转入监听状态，不能接收或传输数据，也不能把MAC地址加入地址表，但可以接收和发送BPDU帧。此时，端口参与根端口和指定端口选举，最终可能成为一个根端口或指定端口。如果该端口失去根端口或指定端口地位，那么它将返回到阻塞状态。

（3）Learning：在转发延迟超时（默认15 s）后，端口进入学习状态。此时，端口不能传输数据，但可以发送和接收BPDU帧消息，也可以学习MAC地址，并加入地址表。

（4）Forwarding：在下一次转发延时后，端口进入转发状态，此时端口能发送和接收数据、学习MAC地址、发送和接收BPDU帧消息，至此成为全功能交换端口。

除此之外，STP中端口还有一个Disabled（禁用）状态，由网络管理员设定或因网络故障使端口处于Disabled状态。这个状态是

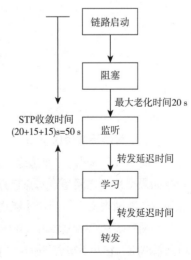

图 5-13　STP 端口状态变化

比较特殊的状态，并不是端口正常的STP状态。

STP BPDU定时（默认每隔2 s）从交换机的各个指定端口发出，以维护链路的状态。如果网络拓扑发生变化，生成树就会重新计算，端口状态也会随之改变。

在实际的应用中，STP也有很多不足之处，最主要的缺点是端口从阻塞状态到转发状态至少需要两倍的转发延迟时间，导致网络的连通性至少要几十秒的时间之后才能恢复。如果网络中的拓扑结构变化频繁，网络会频繁失去连通性，用户就会无法忍受。为了在拓扑变化后网络尽快恢复连通性，交换机在STP的基础上发展出RSTP。

5.3　快速生成树（RSTP）

RSTP是STP的优化版。IEEE 802.1w定义了RSTP，并最终合并入了IEEE 802.1d-2004。RSTP是在STP算法的基础上发展而来，承袭了它的基本思想，也是通过配置消息来传递生成树信息，并进行生成树计算的。

RSTP能够完成生成树的所有功能，在某些情况下，当一个端口被选为根端口或指定端口后，RSTP减小了端口从阻塞到转发的时延，尽可能快地恢复网络连通性，提供更好的用户服务。

在IEEE 802.1w中，RSTP从三方面实现"快速"功能。

1.端口被选为根端口

如图5-14所示，交换机上原来有两个端口能够到达根桥，其中Cost值为10的端口E0/1被选为根端口，另外一个为备用的端口（处于阻塞状态）。如果端口E0/1的Cost值变为40，STP重新计算，选择原来处于阻塞状态的端口E0/2为根端口。此时，故障恢复的时间就是根端口的切换时间，无须延时，无须传递BPDU，只是一个CPU处理的延时，约几毫秒。

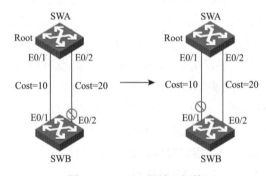

图 5-14　RSTP 根端口切换

2.指定端口是非边缘端口

此时情况较复杂。"非边缘"的意思是这个端口连接着其他交换机，而不是只连接到终端设备。此时如果交换机之间是点对点链路，则交换机需要发送握手报文到其他交换机进行协商，只有对端返回一个赞同报文后，端口才能进入转发状态。

在图5-15中，SWA的端口E0/1原来处于阻塞状态。STP重新选择作为指定端口后，因为E0/1连接有下游网桥SWB，它并不知道下游有没有环路，所以会发送一个握手报文，目的是询问下游网桥是否同意这个端口进入转发状态。SWB收到握手报文后，发现自己没有端口连接到其他网桥，也就是说，这个网桥是边缘网桥，不会有环路产生，则SWB回应一个赞同报文，表明同意SWA的端口E0/1进入转发状态。

不过，RSTP规定只有在点对点链路上，网桥才可以发起握手请求。因为非点对点链路意味着可能连接多个下游网桥，并不是所有网桥都能够回应赞同报文。如果只有其中一个下游网桥回应赞同报文，上游网桥端口就处于转发状态，则可能导致环路。

可见，点对点链路对RSTP的性能有很大的影响。下面列举了点对点链路的几种情况：

（1）该端口是一个链路聚合端口。

（2）该端口支持自协商功能，并通过协商工作在全双工模式。

（3）管理者将该端口配置为一个全双工模式的端口。

如果是非点对点链路，则恢复时间与STP无异，是两倍的转发延迟时间，默认情况下是30 s。

在RSTP握手协商时，总体收敛时同取决于网络直径，也就是网络中任意两点间的最大网桥数量，最坏的情况是，握手从网络的一边开始扩散到网络的另一边。例如，网络直径为6的情况下，最多可能要经过5次握手，才能恢复网络的连通性。

3.指定端口是边缘端口

"边缘端口"是指那些直接和终端设备相连，不再连接任何交换机的端口。这些端口无须参与生成树计算，端口可以无时延地快速进入转发状态，此时不会造成任何的环路。

图5-16中，SWA的E0/1原来连接有网桥，现连接到终端主机。这些端口为边缘指定端口，端口E0/1可马上进入转发状态，那么网桥是如何判定是边缘指定端口还是非边缘指定端口呢？事实上，网桥无法判定，只能由管理员手工指定。

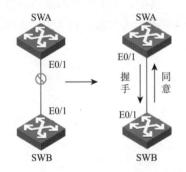

图 5-15 RSTP 边缘端口切换

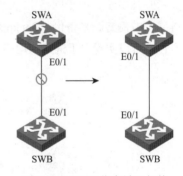

图 5-16 RSTP 指定端口切换

5.4 多生成树（MSTP）

5.4.1 多生成树产生的背景

在生成树协议的发展历史上，共有三代生产树技术的出现，分别如下：

（1）第一代生成树：STP（IEEE 802.1d）、RSTP（IEEE 802.1w）。

（2）第二代生成树：PVST、PVST+。

（3）第三代生成树：MISTP、MSTP（IEEE 802.1s）。

简单地说，快速生产树STP/RSTP是基于端口的生成树；第二代生成树 PVST/PVST+是基于VLAN

的生成树,是Cisco厂商的非标准化的私有生成树协议;第三代生成树MISTP/MSTP是基于实例的生成树,也称多生成树。目前,网络中安装的智能化交换机产品,都默认启用第三代生成树协议。

因为早期开发快速生成树RSTP协议,随着VLAN技术大规模应用,逐渐暴露出其本身缺陷。

1.无法实现负载分担

传统STP/RSTP采用的方法是使用统一的生成树。所有的VLAN共享一棵生成树(Common Spanning Tree,CST),其拓扑结构也是一致的,因此,在一条Trunk链路上,所有的VLAN要么全部处于转发状态,要么全部处于阻塞状态。

在图5-17所示情况下,SWB到SWA的端口被阻塞,则从PCA到Server的所有数据都需要经过SWB至SWC至SWA的路径传递,SWB至SWA之间的带宽完全浪费了。

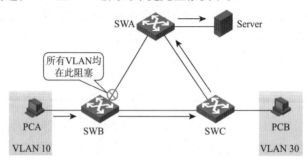

图 5-17　STP 的不足

如图5-18所示,由于网络中VLAN的存在,造成了网络的隔离,其中,主干链接的左边链路为主干链路,右侧链路是备份(Backup)状态。如果能让VLAN 10的流量全走左边,VLAN 30的流量全走右边,可以实现主干链路的均衡负载,将更能平衡网络流量。

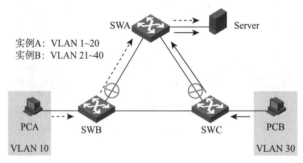

图 5-18　MSTP 负载分担

2.造成VLAN网络不通

如图5-19所示,由于快速生成树RSTP不能在VLAN之间传递BPDU帧消息,会造成图中右下角交换机上VLAN 10和VLAN 30所有上联端口都Discarding。导致这两个VLAN内的所有设备都无法与上行设备通信。

由于第一代生成树协议IEEE 802.1d和IEEE 802.1w中规范的STP和RSTP生成树都是单生成树(Mono Spanning-Tree,MST),即与

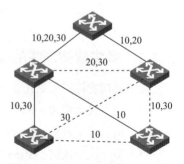

图 5-19　RSTP 造成 VLAN 不通

VLAN技术无关，整个网络只根据网络拓扑生成单一树结构，所以，在网络中出现VLAN技术时，就会造成生成树消息无法传递的网络故障发生。

5.4.2　多生成树协议的定义

多生成树协议（Multiple Spanning Tree Protocol，MSTP）是在IEEE 802.ls标准中定义的一种新型生成树协议，提出了VLAN和生成树之间的"映射"思想，在多生成树标准中引入了"实例"（Instance）的技术。所谓实例是多个VLAN集合，一个或若干VLAN可以映射到同一棵生成树中，但每个VLAN又只能在一棵生成树里传播消息。通过把多个VLAN捆绑到一个实例中，节省多生成树环境中传播BPDU消息帧通信开销和资源占用率。

MSTP中各个实例拓扑独立计算，在这些实例上实现负载均衡。在使用的时候，可以把多个相同拓扑结构VLAN映射到一个实例里。这些VLAN在端口上转发状态取决于对应实例在MSTP里的状态。

5.4.3　多生成树协议的优点

多生成树协议是IEEE 802.1s中定义的生成树协议。相对于第一代单生成树STP和RSTP，MSTP生成树既能像RSTP一样快速收敛，又能基于VLAN负载分担，优势非常明显。MSTP生成树的主要目的是降低与网络拓扑相匹配的生成树实例的总数，进而降低交换机CPU周期，发挥单生成计算简单的优点，又减少网络设备的消耗，并且可以拥有多个生成树。

MSTP的特点如下：

（1）MSTP在网络拓扑计算中引入"域"概念，把一个交换网络划分成多个域。每个域内形成多棵生成树，生成树之间彼此独立。在域间，MSTP利用CST保证在全网络拓扑结构的无环路存在。

（2）MSTP引入"实例"的概念，将多个VLAN映射到一个实例中，以节省网络通信开销和资源占用率。在MSTP中各个实例拓扑的计算是独立的（每个实例对应一棵单独的生成树），在这些实例上就可以实现VLAN数据的负载分担。

（3）MSTP兼容STP和RSTP，可以实现类似RSTP端口状态快速迁移机制。

5.4.4　多生成树协议的相关概念

MSTP在协议引入了域的概念。域由域名、修订级别、VLAN与实例的映射关系组成，只有这三个生成树标识信息都一样的互联的交换机才被认为在同一个域内。默认时，域名就是交换机的MAC地址，修订级别等于0，所有的VLAN都映射到实例0上。多生成树MSTP中定义的实例0具有特殊的作用，称为公共与内部生成树（Common and Internal Spanning Tree，CIST），其他的实例称为多生成树实例（Multiple Spanning Tree Instance，MSTI）。

1.MST域

MST域由交换网络中多台设备及它们之间的网段构成。这些设备具有下列特点：都启动了MSTP协议、具有相同的域名、相同的VLAN到生成树实例的映射配置、相同的MSTP修订级别配置、这些设备之间在物理上有链路连通。图5-20中左边区域就是一个MST域。

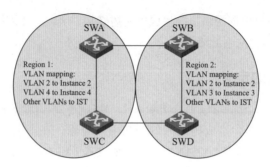

图 5-20　两个 MST 域

2.MSTI

一个MST域内可以通过MSTP协议生成多棵生成树，各棵生成树之间彼此独立。每棵生成树都称为一个多生成树实例（MSTI）。如图5-20所示，每个域内可以存在多棵生成树，每棵生成树和相应的VLAN对应，这些生成树就称为多生成树实例。

3.WLAN映射表

VLAN映射表是MST域中的一个重要属性，用来描述VLAN和生成树之间的映射关系。

4.IST域

内部生成树（Internal Spanning Tree，IST）是域内实例0上的生成树，是MST区域内一个生成树，IST实例使用编号0。由内部生成树IST和公共生成树CST共同构成整个交换网络的CIST。

IST是CIST在MST域内的片段。如图5-21所示，CST在每个MST域内都有一个片段，这个片段就是各个域内的IST，IST使整个MST区域从外部上看就像一个虚拟的网桥。

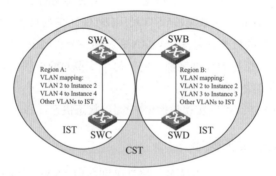

图 5-21　CST 与 IST 域

5.CST

公共生成树（Common Spanning Tree，CST）是连接交换网络内所有MST域的单生成树。如果把每个MST域看成一台"设备"，CST就是这些"设备"通过RSTP协议计算生成的一棵生成树。如图5-21所示，区域A和区域B各自为一个网桥，在这些"网桥"间运行生成树称为CST，图中水平连接线条描绘就是CST。

6.CIST

CIST（Common and Internal Spanning Tree）是连接一个交换网络内所有设备形成的单生成树，由IST和CST共同构成。在图5-21中，每个MST域内的IST，加上MST域间的CST，就构成整个网络的CST。IST和CST共同构成整个交换网络的CIST。CIST相当于每个MST区域中的IST、CST及IEEE 802.1d网桥的集合。STP和RSTP会为CIST选举出CIST的根。

5.4.5　STP 配置实例

视频
STP配置实例

1.STP基本配置命令

交换机的生成树功能在默认情况下是处于关闭状态的。如果组网中需要通过环路设计来提供网络的冗余容错的能力，而同时又需要防止路径回环的产生，就需要用到生成树的概念。可以在系统视图下开启生成树功能。配置命令如下：

[Switch] **stp enable**

如果不需要生成树，则可以在系统视图下关闭生成树功能。配置命令如下：

[Switch] **stp disable**

如果用户在系统视图下启用了生成树，那么所有端口都默认参与生成树计算；如果用户可以确定某些端口连接的部分不存在回路，则可以通过一条在端口视图下的命令关闭特定端口上的生成树功能。配置命令如下：

[Switch Ethernet/0/1] **stp disable**

MSTP和RSTP能够互相识别对方的协议报文，可以互相兼容，而STP无法识别MSTP的报文。MSTP为了实现和STP设备的混合组网，同时完全兼容RSTP，设定了三种工作模式：STP兼容模式、RSTP模式、MSTP模式，交换机默认工作在MSTP模式下，可以通过以下命令在系统视图下设置工作模式：

[Switch] **stp mode** {stp | rstp | mstp}

2.配置优化STP

默认情况下，所有交换机的优先级是相同的。此时，STP只能根据MAC地址选择根桥，MAC地址最小的桥为根桥，但实际上，这个MAC地址最小的桥并不一定就是最佳的根桥，可以通过配置网桥的优先级来指定根桥。优先级越小，该网桥就越有可能成为根，配置命令如下：

[Switch] **stp** [instance *instance id*] **priority** *priority*

在MSTP多实例情况下，用instance instance-id参数来指定交换机在每个实例中的优化RSTP。MSTP模式下，可以设置某些直接与用户终端相连的端口为边缘端口，这样当网络拓扑变化时，这些端口可以实现快速迁移到转发状态，而无须等待延迟时间。因此，如果管理员确定某端口是直接与终端相连，可以配置其为边缘端口，可以极大地加快生成树收敛速度。

在端口视图下配置某端口为边缘端口，命令如下：

[Switch Ethernet1/0/1] stp edged-port enable

3.STP配置实例

图5-22所示为一个启用STP防止环路及实现链路冗余的组网。交换机SWA和SWB是核心交换机，之间通过两条并行链路互联备份；SWC是接入交换机，接入用户连接到SWC的E0/4/0/端口上。很显然，为了提高网络的性能，应该使交换机SWA位于转发路径的中心位置（即生成树的根），同时为

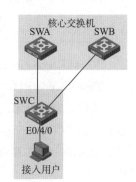

图 5-22　STP 配置实例

了增加可靠性，应该使SWB作为根的备份，可以通过下面的配置使网络能够满足设计需求。

（1）在所有的交换机上启动生成树协议，命令如下：

[SWA] stp enable

[SWB] stp enable

[SWC] stp enable

（2）配置SWA的优先级为0（默认值为32768），使其作为整个桥接网络的根桥；配置SWB的优先级为4096，使其作为根桥的备份，命令如下：

[SWA] stp priority 0

[SWB] stp priority 4096

（3）设置SWC的端口E0/4/0为边缘端口，以使其在网络拓扑变化时，能够无时延地从阻塞状态迁移到转发状态，命令如下：

[SWC-Ethernet 0/4/0] stp edged-port enable

5.4.6　STP 显示与维护

默认情况下，交换机未开启STP协议，此时如果执行命令查看STP全局状态，则有如下输出：

<SWA>display stp

Protocol Status：disabled

Protocol Std　：IEEE 802.1s

…

开启STP以后，再执行命令查看STP全局状态，则有如下输出：

<SWA>display stp

-------[CIST Global Info] [Mode MSTP]---------

CIST Bridge：　　　　　　　　32768.000f-e23e-f9b0

Bridge Times：　　　　　　　 Hello 2s MaxAge 20s FwDly 15s Max Hop 20

CIST Root/ERPC：　　　　　　 32768.000f-e23e-f9b0 / 0

CIST Reg Root/I RPC：　　　　 32768.000f-e23e-f9b0 / 0

CIST Root Port Id：　　　　　 0.0

BPDU-Protection：　　　　　　 disabled

Bridge Config-

Digest-Snooping：　　　　　　 disabled

TC or TCN received：　　　　　 0

Time since last TC：　　　　　 8 days 11h:24m:30s

从以上信息可知，当前交换机运行在MSTP模式下。MSTP协议所生成的树称为CIST，所以显示信息中的"CIST Bridge：32768.000f-e23e-f9b0"就表示交换机的桥ID是32768.000f-e23e-f9b0；交换机的根桥ID（CIST Root）也是32768.000f-e23e-f9b0。桥ID和根桥ID相同，说明交换机认为自己就是根桥。

如果想查看生成树中各端口的角色和状态，可用如下命令：

[SWA] display stp brief

MSTID	Port	Role	STP State	Protection
0	Ethernet 1/0/1	DESI	FORWARDING	NONE
0	Ethernet 1/0/2	DESI	FORWARDING	NONE

在MSTP协议中可配置多个实例进行负载分担。上面的MST ID就表示实例的ID默认情况下，交换机仅有一个实例，ID值是0，且所有VLAN都绑定到实例0，所有端口角色和状态都在实例0中计算。上述Ethernet1/0/1和Ethernet1/0/2端口角色都是指定端口（DESI），所以都处于转发状态（FORWARDING）。

小　结

✧ STP产生的原因是消除路径回环的影响。

✧ STP通过选举根桥和阻塞冗余端口来消除环路。

✧ 相比STP，RSTP具有更快的收敛速度；相比RSTP，MSTP可支持多生成树实例以实现基于VLAN的负载分担。

习　题

选择题

1.（　　　）信息是在 STP 协议的配置 BPDU 中所携带的。

　　A. 根桥 ID（Root ID）　　　　　　　　B. 根路径开销（Root Path Cost）

　　C. 指定桥 ID（Designated Bridge ID）　　D. 指定端口 ID（Designated Port ID）

2. STP 进行桥 ID 比较时，先比较优先级；在优先级相等的情况下，再用 MAC 地址来进行比较，优先级值及 NAC 地址分别为（　　　）时为优。

　　A. 小者，小者　　　B. 小者，大者　　　C. 大者，大者　　　D. 大者，小者

3. 在 IEEE 802.1d 的协议中，端口共有 5 种状态。其中处于（　　　）状态的端口能够发送 BPDU 配置消息。

　　A. Learn　　　　　　B. Listening　　　　C. Blocking　　　　D. Forward

4. 交换机从两个不同的端口收到 BPDU，则其会按照（　　　）的顺序来比较 BPDU，从而决定哪个端口是根端口。

　　A. 根桥 ID、根路径开销、指定桥 ID、指定端口 ID

　　B. 根桥 ID、指定桥 ID、根路径开销、指定端口 ID

　　C. 根桥 ID、指定桥 ID、指定端口 ID、根路径开销

　　D. 根路径开销、根桥 ID、指定桥 ID、指定端口 ID

5. 在一个交换网络中，存在多个 VLAN，管理员想在交换机间实现数据流转发的负载均衡，则应该选用（　　　）协议。

　　A. STP　　　　　　　B. RSTP　　　　　　C. MSTP　　　　　D. 以上三者均可

第6章
PPP 协议

本章首先讲述HDLC的发展历史、特点、帧结构、存在问题及发展前景，然后讲述PPP验证协议的功能、组成及PPP安全认证工作原理等，最后通过实例PPP PAP验证和PPP CHAP验证来说明广域网连接时，在数据链路层上实现安全认证的实现方法等方面的知识。

学习目标

➢了解HDLC的特点、帧结构及存在问题。

➢掌握PPP验证协议的功能及组成。

➢掌握PPP PAP验证原理及配置方法。

➢掌握PPP CHAP验证原理及配置方法。

6.1　HDLC 简介

6.1.1　HDLC 的发展历史

高级数据链路控制（High-Level Data Link Control，HDLC）是一个在同步网上传输数据、面向比特的数据链路层协议，它是由国际标准化组织（ISO）根据IBM公司的SDLC（Synchronous Data Link Control）扩展开发而成的。其最大特点是不需要数据必须是规定字符集，对任何一种比特流，均可以实现透明的传输。1974年，IBM公司率先提出了面向比特的同步数据链路控制规程（Synchronous Data Link Control Protocol，SDLC）。

随后，ANSI和ISO均采纳并发展了SDLC，并分别提出了自己的标准：

（1）ANSI的高级通信控制过程（Advanced Data Communications Control Procedure，ADCCP）。

（2）ISO的高级数据链路控制规程（High-level Data Link Control，HDLC）。

从此，HDLC协议开始得到了人们的广泛关注，并开始应用于通信领域的各个方面。

6.1.2　HDLC 的特点

HDLC是面向比特的数据链路控制协议的典型代表，有着很大的优势：

（1）HDLC协议不依赖于任何一种字符编码集。

（2）数据报文可透明传输，用于实现透明传输的"0比特插入法"易于硬件实现。

（3）全双工通信，有较高的数据链路传输效率。

（4）所有帧采用CRC检验，对信息帧进行顺序编号，可防止漏收或重收，传输可靠性高。

（5）传输控制功能与处理功能分离，具有较大灵活性。

由于以上特点，目前网络设计及整机内部通信设计普遍使用HDLC数据链路控制协议。HDLC已经成为通信领域不可缺少的一个重要协议。

6.1.3　HDLC 帧结构

HDLC的帧格式如图6-1所示，它由6个字段组成，这6个字段可以分为5种类型，即标志字段（F）、地址字段（A）、控制字段（C）、信息字段（I）、帧校验字段（FCS）。在帧结构中允许不包含信息字段（I）。

标志字段 （F）	地址字段 （A）	控制字段 （C）	信息字段 （I）	帧校验字段 （FCS）	标志字段 （F）

图 6-1　HDLC 帧格式

1.标志序列

HDLC指定采用01111110为标志序列，称为F标志。要求所有的帧必须以F标志开始和结束。接收设备不断地搜寻F标志，以实现帧同步，从而保证接收部分对后续字段的正确识别。另外，在帧与帧的空载期间，可以连续发送F标志，用来作时间填充。

在一串数据比特中，有可能产生与标志字段的码型相同的比特组合。为了防止这种情况产生，保证对数据的透明传输，采取了比特填充技术。当采用比特填充技术时，在信码中连续5个1以后插入一个0；而在接收端，则去除5个1以后的0，恢复原来的数据序列。比特填充技术的采用排除了在信息流中出现标志字段的可能性，保证了对数据信息的透明传输。

2.地址字段

地址字段表示链路上站的地址。地址字段的长度一般为8比特，最多可以表示256个站的地址。在许多系统中规定，地址字段为11111111时，定义为全站地址，即通知所有的接收站接收有关的命令帧并按其动作；全0比特为无站地址，用于测试数据链路的状态。

3.控制字段

控制字段用来表示帧类型、帧编号及命令、响应等。由于C字段的构成不同，可以把HDLC帧分为三种类型：信息帧、监控帧、无编号帧，分别简称I帧（Information）、S帧（Supervisory）、U帧（Unnumbered）。在控制字段中，第1位为0为I帧，第1、2位是10为S帧，第1、2位是11为U帧。

4.信息字段

信息字段内包含了用户的数据信息和来自上层的各种控制信息。在I帧和某些U帧中，具有该字段，它可以是任意长度的比特序列。在实际应用中，其长度由收发站的缓冲器的大小和线路的差错情况决定，但必须是8比特的整数倍。

5. 帧校验字段

帧校验字段用于对帧进行循环冗余校验，其校验范围从地址字段的第一比特到信息字段的最后一比特的序列，并且规定为了透明传输而插入的0不在校验范围内。

如上所述，SDLC/HDLC协议规定以01111110为标志字节，但在信息场中也完全有可能。有同一种模式的字符，为了把它与标志区分开，所以采取了0位插入和删除技术。具体作法是发送端在发送所有信息（除标志字节外）时，只要遇到连续5个1，就自动插入一个0；当接收端在接收数据时（除标志字节）如果连续接收到5个1，就自动将其后的一个0删除，以恢复信息的原有形式。这种0位的插入和删除过程是由硬件自动完成的，比上述面向字符的"数据透明"容易实现。

6.2　PPP 验证协议

6.2.1　PPP 简介

PPP（Point-to-Point Protocol）协议是在SLIP的基础上发展起来的。由于SLIP只支持异步传输方式，无协商过程，它逐渐被PPP协议所替代。PPP协议作为一种提供在点到点链路上封装，传输网络层数据包的数据链路层协议，处于OSI参考模型的第二层，主要用来支持全双工的同异步链路上进行点到点之间的传输。PPP由于能够提供验证，易扩充，支持同异步传输而获得较广泛的应用。

1.PPP协议的功能

PPP协议是一个使用非常广泛的链路层协议，它具有如下功能：

（1）将物理层的比特流转换为二层帧。

（2）链路的建立、维护与拆除。

（3）具有身份验证功能。

（4）具有错误检测及纠错能力，支持数据压缩。

（5）支持多种网络协议，如TCP/IP、NetBEUI、NWLINK等。

（6）具有动态分配IP地址的能力。

2.PPP的组成

PPP主要由链路控制协议和网络控制协议两类协议组成。

（1）链路控制协议（LCP）：建立、配置、测试PPP数据链路连接。

（2）网络控制协议（NCP）：协商在该链路上所传输的数据包的格式与类型，建立、配置不同网络层协议。

在上层，PPP通过NCP提供对多种网络层协议的支持。PPP对于每一种网络层协议都有一种封装格式来区别它们的报文。

3.PPP协商过程

PPP协商过程分为几个阶段：Dead阶段、Establish阶段、Authenticate阶段、Network阶段和Terminate阶段，在不同的阶段进行不同协议的协商。只有前面的协商出现结果后，才能转到下一个阶段，进行下一个协议的协商。

（1）当物理层不可用时，PPP链路处于Dead阶段，链路必须从这个阶段开始和结束。当物理层可用时，PPP在建立链路之前首先进行LCP协商，协商内容包括工作方式是SP还是MP，验证方式和最大传输单元等。

（2）LCP协商过后就进入Establish阶段，此时LCP状态为Opened，表示链路已经建立。

（3）如果配置了验证（远端验证本地或者本地验证远端）就进入Authenticate阶段，开始CHAP或PAP验证。

（4）如果验证失败进入Terminate阶段，拆除链路，LCP状态转为Down；如果验证成功就进入Network协商阶段（NCP），此时LCP状态仍为Opened，而IPCP状态从Initial转到Request。

（5）NCP协商支持IPCP协商，IPCP协商主要包括双方的IP地址。通过NCP协商来选择和配置一个网络层协议，当选中的网络层协议配置成功后，该网络层协议就可以通过这条链路发送报文了。

（6）PPP链路将一直保持通信，直至有明确的LCP或NCP帧关闭这条链路，或发生了某些外部事件（如用户的干预）。

6.2.2 PPP 的安全认证（PAP、CHAP）

PPP相对其他协议的一个非常重要的功能特性是其内置了安全认证机制，这也是该协议在用户接入侧被广泛使用的一个重要原因。安全认证过程内置在协议规程中，并且在链路建立起来之前被执行，很好地保证了接入链路的安全性。

验证过程在PPP协议中为可选项。在连接建立后进行连接者身份验证的目的是防止有人在未经授权的情况下成功连接，从而导致泄密。PPP协议支持口令验证协议和握手鉴权协议两种验证协议。

1.口令验证协议（PAP）

口令验证协议的原理是由发起连接的一端反复向验证方发送用户名/密码对，直到验证方响应以验证确认信息或拒绝信息，如图6-2所示。

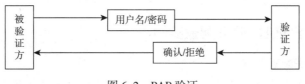

图 6-2　PAP 验证

PAP的特点是在网络上以明文的方式传递用户名及密码，如在传输过程中被截获，便有可能对网络安全造成极大的威胁，因此，它安全性较差，适用于对网络安全要求相对较低的环境。

2.握手认证协议（CHAP）

CHAP用三次握手的方法周期性地检验对端的节点，如图6-3所示。

CHAP协议原理：

（1）主验方：主验证方主动发起验证请求，主验证方向被验证方发送一个随机产生的数值，并同时将本端的用户名一起发送给被验证方。

（2）被验证方：被验证方接收到主验证方的验证请求后，

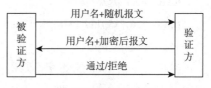

图 6-3　CHAP 验证

检查本地密码。如果本端接口上配置了默认的CHAP密码，则被验证方选用此密码；如果没有配置默认的CHAP密码，则被验证方根据此报文中主验证方的用户名在本端的用户表中查找并选用该用户对应的密码，随后被验证方利用MD5算法对报文ID、密码和随机数生成摘要，并将此摘要和自己的用户名发回主验证方。

（3）确认/拒绝：主验证方用MD5算法对报文ID、本地保存的被验证方密码和原随机数生成一个摘要，并与收到的摘要值进行比较。如果相同，则向被验证方发送确认消息声明验证通过；如果不同，则验证不通过，向被验证方发送拒绝消息。

CHAP单向验证是指一端作为主验证方，另一端作为被验证方。双向验证是单向验证的简单叠加，即两端都是既作为主验证方又作为被验证方。

CHAP验证的特点是只在网络上传输用户名，而并不传输用户密码，因此它的安全性要比PAP高。

6.3 PPP 配置实例

配置PPP，要在路由器接口上封装PPP协议，在接口视图下使用link-protocol PPP命令，默认情况下，路由器串口链路层协议为PPP。配置时应注意，通信双方的接口都要使用PPP，否则通信无法进行。

（1）配置验证类型，选择PAP验证或是CHAP验证，则在接口视图下做如下配置：

ppp authentication-mode { chap | pap }

（2）配置用户名、密码、服务类型等，须在全局视图下做如下配置：

local-user *username*

password { cipher | simple } *password*

service-type ppp

视 频

PPP PAP验证

6.3.1 PPP PAP 验证配置实例

1.PPP PAP配置步骤

PAP验证双方分为主验证方和被验证方。在主验证方路由器上配置 PPP PAP的步骤如下：

（1）设置本地验证对端的方式为PAP，在接口视图下做如下配置：

ppp authentication-mode pap

（2）将对端用户名和密码加入本地用户列表并设置服务类型，在全局视图下做如下配置：

local-user *user-name*

password { cipher | simple } *password*

service-type ppp

其中若使用simple关键字，则密码以明文方式出现在配置文件中；若使用cipher关键字，则密码以密文方式出现在配置文件中，即使看到配置文件也无法获知密码。

在被验证方路由器上配置 PPP PAP，须在接口视图下，配置PAP验证时被验证方发送的PAP用户名和密码：

  ppp pap local-user *username* **password** { **cipher** | **simple** } *password*

  被验证方将用户名和密码送给主验证方，主验证方查找本地用户列表，检查被验证方送来的用户名和密码是否完全正确，并根据验证结果确认连接建立或拒绝连接。

  注意：在系统视图下配置的 local-user username是将对端的用户名和密码加入到本地用户列表，而在接口上配置的 ppp pap local-user username password { cipher | simple }password是指定己方向对方发送的用户名和密码。

  在主验证方，本地存储的用户名和密码要和被验证方发送的用户名和密码一致，否则无法验证通过。

2.PPP PAP配置实例

  在本例中，RT1与RT2之间使用V.35线缆通过背靠背方式连接，如图6-4所示，双方通过Serial0/1/0接口相连，要求RT1与RT2之间链路层之间建立连接时需要验证，验证方式为PAP验证。

  RT2使用用户名为r2、密码为hello向RT1请求验证，由于双方使用了默认封装PPP，所以不需要再配置接口的链路协议。

图 6-4　PAP 验证配置实例

  （1）在RT1上将RT2的用户名r2和口令hello添加验证方到本地用户列表。

[RT1]local-user r2

[RT1-luser-r2]password simple hello

[RT1-luser-r2]service-type ppp

[RT1-luser-r2]interface serial0/1/0

  （2）指定RT1为主验证方，验证方式为PAP验证。

[RT1-Serial0/1/0]ppp authentication mode pap

[RT1-Serial0/1/0]ip address 10.0.0.1 255.255.255.252

  （3）在RT2上配置RT2为被验证方，用户名为r2，密码为hello。

[RT2]interface serial0/1/0

[RT2-Serial0/1/0]ppp pap local-user r2 password simple hello

[RT2-Serial0/1/0]ip address 10.0.0.2 255.255.255.252

6.3.2　PPP CHAP 验证配置实例

1.PPP CHAP配置步骤

  CHAP验证双方同样分为主验证方和被验证方，主验证方首先发起验证。在主验证方路由器上配置PPP CHAP的步骤如下：

  （1）在接口视图下，配置本地验证对端的方式为CHAP。

  ppp authentication-mode chap

  （2）在接口视图下，配置本地用户名称，用户名是发送到对端设备进行CHAP验证时使用的用

视 频

PPP CHAP
验证

户名。

ppp chap user *username*

（3）将对端用户名和密码加入本地用户列表设置验证类型，在系统视图下做如下配置：

local-user *username*

password { **cipher** | **simple** } *password*

service-type ppp

在被验证方路由器上配置 PPP CHAP 的步骤如下：

（1）在接口视图下配置本地名称，用户名是发送到对端设备进行 CHAP 验证时使用的用户名。

ppp chap user *username*

（2）配置本地用户密码信息，有两种配置方式。一种方式是在系统视图下向本地用户列表添加用户名和密码：

local-user *username*

service-type ppp

另一种方式是在接口视图下配置默认的 CHAP 密码，这样接口在进行 CHAP 验证时就会使用此密码：

ppp chap password { **cipher** | **simple** } *password*

注意：配置 CHAP 验证时，被验证方发送的 username 应与主验证方用户列表中的 username 相同，而且对应的 password 要一致。当配置被验证方使用默认 CHAP 密码时，在主验证方可以不执行第（2）步。

2.PPP CHAP 配置实例

在本例中，RT1 与 RT2 之间使用 V.35 线缆通过背靠背方式连接，双方互联的接口均为 Serial0/1/0，要求 RT1 与 RT2 之间链路层之间建立连接时需要验证，验证方式为 CHAP 验证。

RT1 和 RT2 均在接口上配置了 ppp chap user 命令，并都配置了本地用户名和密码。其中 RT1 接口上配置的用户名与 RT2 的本地用户名相同，而 RT2 接口上配置的用户与 RT1 的本地用户名相同，并且双方密码一致。

（1）在 RT1 上将 RT2 的用户名和口令添加到本地用户列表。

[RT1]local-user r2

[RT1-luser-r2]password simple hello

[RT1-luser-r2]service-type ppp

[RT1-luser-r2]interface serial0/1/0

（2）指定 RT1 为主验证方，验证方式为 CHAP 验证。

[RT1-Serial0/1/0]ppp authentication-mode chap

（3）配置 RT1 自己的用户名为 r1。

[RT1-Serial0/1/0]ppp chap user r1

[RT1-Serial0/1/0]ip address 10.0.0.1 255.255.255.252

（4）在 RT2 上将 RT1 的用户名和口令添加到本地用户列表。

[RT2]local-user r1

[RT2-luser-r1]password simple hello

[RT2-luser-r1]service-type ppp

[RT2-luser-r1]interface serial0/1/0

（5）配置RT2自己的用户名为r2。

[RT2-Serial0/1/0]ppp chap user r2

[RT2-Serial0/1/0]ip address 10.0.0.2 255. 255.255.252

小　　结

◇　PPP适用于同步/异步链路的点对点链路层协议，广泛应用于点对点的场合。

◇　PPP主要由链路控制协议和网络控制协议两类协议组成。

◇　PPP协商过程分为几个阶段：Dead阶段、Establish阶段、Authenticate阶段、Network阶段和Terminate阶段。

◇　PPP有PAP和CHAP两种验证方式。

习　　题

选择题

1. PPP 协议在 LCP 的协商状态变为 Opened 后，可能进入（　　　）。

　　A. Dead 阶段　　　　　　　　　　　　　B. Establish 阶段

　　C. Authenticate 阶段　　　　　　　　　D. Network 阶段

2. PAP 验证是（　　）次握手，而 CHAP 验证为（　　）握手。

　　A. 2 次　　　　　　　B. 3 次　　　　　　C. 4 次　　　　　　　D. 5 次

3. PPP 协议协商包含（　　　）。

　　A. Dead 阶段　　　　　　　　　　　　　B. Establish 阶段

　　C. Authenticate 阶段　　　　　　　　　D. Network 阶段

　　E. Terminate 阶段

4. PPP 协议由（　　　）组成。

　　A. PAP　　　　　　　B. CHAP　　　　　　C. LCP　　　　D NCP

第 7 章
IP 协议

本章首先讲述了IPv4协议报文格式和各个构成字段的含义、IPv4地址的表示方法和两级结构，重点分析了IPv4地址分类和子网掩码的特点及作用；然后讲述子网划分的意义、方法和相关子网划分的计算问题；最后介绍了IPv6协议相比IPv4的优点，分析了IPv6协议报文格式，讲解了IPv6地址表示和分类，对全球单播地址做了重要分析。

学习目标

➢理解IPv4协议报文格式和字段含义。

➢理解IPv4地址表示、分类和子网掩码的作用。

➢掌握子网划分的方法和相关子网划分问题的计算。

➢了解IPv6协议的优点，掌握IPv6地址的表示和分类。

7.1 IPv4 协议概述

IPv4（Internet Protocol version 4）协议是TCP/IP协议族中最为核心的协议之一，它工作在TCP/IP协议栈的网络层，该层与OSI参考模型的网络层相对应，是网际协议开发过程中的第四个修订版本，是此协议第一个被广泛部署的版本，也是使用最广泛的网际协议版本，其后继版本为IPv6（Internet Protocol version 6），IPv6仍处在部署的初期。IPv4是一种无连接的协议，此协议会尽最大努力交付数据包，意即它不保证任何数据包均能送达目的地，也不保证所有数据包均按照正确的顺序无重复地到达，这些方面由上层的传输层协议来实现。IPv4协议栈可以屏蔽各链路层的差异，为传输层提供统一的网络层传输标准。

7.2 IPv4 协议报文格式

发送端的网络层在收到它的上一层（传输层）发来的数据段时，需要通过网络层协议将其封装成数据报，也就是加上网络层IP协议封装的头部。一个IP协议报文包括报头和数据两部分，具体报文结构和包含字段如图7-1所示。其中，"数据部分"就是来自传输层的完整数据段，而报头部分是为了正确传输数据报而增加的网络层IPv4协议信息。

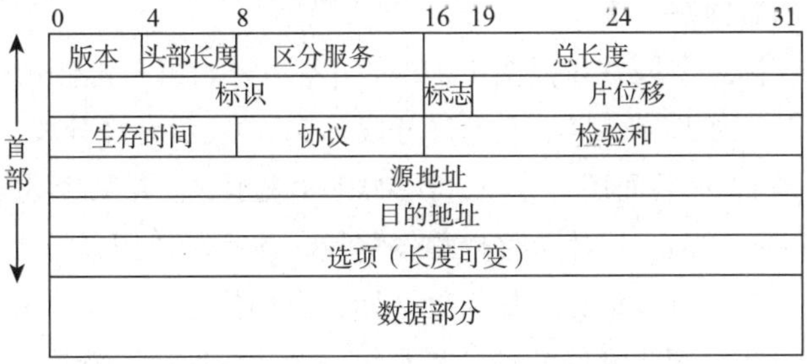

图 7-1 IPv4 报文格式

IPv4报文格式字段含义详解如下：

（1）版本（Version）：版本字段指定了IP数据报中使用的IP协议版本，占4位。如果协议是IPv4，则值为0100。

（2）头部长度（Header Length）：头部长度字段指示IP数据报头部的总长度，IP数据报头部的总长度以4字节为单位，该字段占4位。当报头中无选项字段时，报头的总长度为5，也就是5字节×4=20字节，此时，报头长度的值为0101，这就是说IP数据报头部固定部分长度为20字节。当IP头部长度为1111时，头部的固定长度为15字节×4=60字节。但报头长度必须是32位，4字节的整数倍，如果不是，需要在选项字段的填充字段中补0凑齐。

（3）区分服务（Differentiated Services）：最开始IP数据报的这个字段为优先级和服务类型字段，又称服务类型（Type of Service，ToS）字段，用于表示数据报的优先级和服务类型，占8位。它包括一个3位长度的优先级、4位长度的标志位。标志位分别是D（Delay，延迟）、T（Throughput，吞吐量）、R（Reliability，可靠性）和C（Cost，开销），用来获得更好的服务。最高1位未用。

注意：1998年IETF在RFC 2474中把IP数据报中ToS字段改名为服务字段，同样为8位，前6位构成DSCP（Different Services Code Point，区分服务码点），是IP优先级和服务类型字段的组合，定义了0~63共64个优先级。最后两位未使用。无论是哪种版本，该字段只有在使用区分服务时才起作用，如果没有区分服务，则该字段值为0。

（4）总长度（Total Length）：总长度字段标识整个IP数据报的总长度，包括报头和数据部分，整个IP数据报的总长度以字节为单位，该字段占16位。由此可得出，IPv4数据报的最大长度为$2^{16}-1$字节，即65 535字节，亦即64 KB。

注意：在网络层下面的每一种数据链路层都有自己的格式，其中包括表示数据字段的最大长度，称为最大传输单元（Maximum Transfer Unit，MTU）。当一个数据报封装成链路层的帧时，此数据报的总长度、报头和数据部分一定不能超过下面的数据链路层的MTU值。

（5）标识（Identification）：标识字段用于表示IP数据报的标识符，占16位，每个IP数据报有一个唯一的标识符。IP软件在存储器中维持一个计数器，每产生一个数据报，计数器就加1，并将此值赋给整个标识字段。但整个标识并不是序号，因为IP是无连接服务，数据报不存在按序接收的问题。当数据报由于长度超过下面数据链路层的最大传输单元（MTU）值而必须分段的时候，这个标识符的值就被复制到所有的数据报分段的标识字段中。相同标识字段的值分段后的各数据报分段最后能正确地组装成原来的数据报。

（6）标志（Flags）：标志字段在IP报头中占3位。左边开始第一位保留位，无意义；第二位记为DF（Don't Fragment），当DF=1时表示不允许分段，DF=0表示允许分段；第三位记为MF（More Fragment），如果MF=1，则表示后面还有分段，如果MF=0表示这已是某个数据报的最后一个分段。

（7）片位移（Fragment Offset）：片位移也称偏移量，该字段值用以指出一个分片相对于发送的完整数据包起点的相对位置，以及该分片从何处开始，占13位。由于每个分片可能不按顺序到达接收端，通过偏移量值在接收端把收到的乱序分片重组一个IP数据包。分片大小以网络的MTU值大小来决定。

假设网络接口MTU大小为1 400字节，要传输的数据报为3 800字节。那么将要传输的数据报分为3片即可，即3 800=1 400+1 400+1 000。

偏移量值的计算方法为：以8字节为偏移单位计算此值，已经装载好的分片字节数除以8，即每个分片的长度一定是8字节的整数倍，偏移量值就是此分片在原数据包中的相对位置。

分片1偏移量值为0，因为这是第一个分片，也就是0除以8。

分片2偏移量值为175，由于分片1已经装载好了1 400字节，所以此分片的位置就在1 400字节之后，也就用1 400除以8。

分片3偏移量值为350，当前已经装好了两个分片也就是2 800字节，那么分片3自然就跟在2 800字节之后了，也就是用2 800除以8。

（8）生存时间（Time To Live，TTL）：生存时间字段用来标识IP数据报在网络中传输的有效期，现在通常认为这个TTL是指数据报允许经过的路由器数，每经过一个路由器，则TTL减1，当TTL值为0时，就丢弃这个数据报。设定生存时间是为了防止数据报在网络中无限制地循环转发。

（9）协议（Protocol）：协议字段用来标识此IP数据报在传输层所采用的协议类型，如TCP、UDP或ICMP等，以便使目的主机的IP层知道应将数据部分上交给哪个处理进程，占8位。例如，TCP的协议号是6，等于二进制的0000 1010，UDP的协议号是17，等于二进制的0001 0001。

（10）检验和（Checksum）：检验和字段用来检验IP数据报的报头部分传输是否出错，不包括"数据"部分，占16位。这是因为数据报每经过一个路由器，路由器都要重新计算一下检验和，因为一些字段，如生存时间、标识、段偏移等都可能发生变化；不检验数据部分可减少计算的工作量。

检验和的计算方法：利用检验和字段检验报头部分数据正确性的基本原理是：在检验和字段中填上一个特定的值后发送，然后在接收端把包括检验和字段在内的报头部分进行二进制反码求和，再取反，如果结果为0，则表示报头部分在传输过程中没有发生变化，否则表示在传输过程中出现了差错。这里最关键的是在发送时计算出这个检验和的值。计算步骤如下：

① 把IP数据报报头中的检验和字段置0。

② 把头部数字以16位为单位进行划分，对每16位的二进制反码进行求和。如报头长度不是16位的整数倍数，则用0填充到16位的整数倍数。若此时检验和字段值为0，则可以不计，因为0的反码仍为0。

③ 以上得到的结果就是我们要求的检验和字段值，系统自动将其填入IP数据报报头的检验和字段中。

④ 在接收端中，同样按照以16位为单位，对IP数据报报头部分进行二进制反码求和，再取反，如果结果为0，表示报头部分在传输过程中没有发生变化，否则表示发生了差错。但要注意，此时因检验和字段已不再是0了，而是等于除了检验和字段外其他字段的反码之和。现在对检验码和字段值取反求和，再与其他字段的反码求和，相当于原来"检验和"字段的值相加，结果肯定是全为1，因为这两个值互为反码；再取反后，结果肯定为0。这就是检验和的基本原理。

例如，假设有三个数，为了简便在此均用4位比特表示：2（0010）、3（0011）、C代表检验和字段值，计算C，即求2和3的反码之和，得到9（1001）。现在假设把这三个数（2、3、C）传送到接收端。在接收端也要对这三个数进行反码求和。因为2和3这两个的反码之和我们在计算C时已经计算过了，就是9（1001），现在只需要对C检验和字段值进行求反，得到6（0110）。把1001和0110相加，得到15（1111）。再取反，得到0（0000）。这就是这三个数在传输过程中没有出现差错的情况下得到的，这就是检验和的检验原理。

（11）源地址/目的地址（Source Address/Destination Address）：源地址/目的地址这两个字段分别表示该IP数据报发送者和接收者的IP地址，各占32位。在这个数据报传送过程中，无论经过什么路由，无论如何分段，此两字段一直保持不变。

（12）选项（Option）：选项字段支持各种选项，提供扩展余地。根据选项的不同，该字段长度可变，为1~40字节。用来支持排错、测量及安全等措施。作为选项，用户可以使用，也可以不使用用。但作为IP协议的组成部分，所有实现IP协议的设备都必须能处理IP选项。在使用选项的过程中，如果造成了IP数据报的报头不是32位的整数倍，则需要后面的填充字段凑齐。如果恰好是整数倍，则不需要填充字段。

7.3　IPv4 地址

我们把整个因特网看作一个单一的、抽象的网络。IP 地址就是给每个连接在因特网上的主机（或路由器）分配一个在全世界范围唯一的32位的标识符，IP地址是主机或路由器在网络层的唯一标识符。IP 地址现在由因特网名称与数字地址分配机构（Internet Corporation for Assigned Names and Numbers，ICANN ）进行分配。在IP网络上，如果用户要将一台计算机连接到Internet上，就需要向互联网服务提供商（Internet Service Provider，ISP）申请一个IP地址。

7.3.1　IPv4 地址表示方法

IP地址是在计算机网络中被用来唯一标识一台设备的一组数字。IPv4地址由32位二进制数组成，但为了便于用户识别和记忆，采用了"点分十进制表示法"，8个比特位对应一部分，然后转换为十进制数，采用了这种表示法的IP地址由4个点分十进制整数来表示，每个十进制整数对应一个字节，如图7-2所示。同样，采用点分十进制表示的10.1.1.2的IP地址在存储时要转换为相应二进制数。

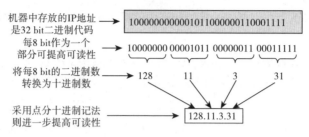

机器中存放的IP地址
是32 bit二进制代码 → 10000000000001011000000110001111

每8 bit作为一个
部分可提高可读性 → 10000000 00001011 00000011 00011111

将每8 bit的二进制数
转换为十进制数 → 128   11   3   31

采用点分十进制记法
则进一步提高可读性 → 128.11.3.31

图 7-2　IP 地址十进制表示

IPv4地址由如下两部分组成：

（1）网络号码字段（Net-id）：IP地址的网络号码字段用来标识一个网络，网络号码字段的前几位用来区分IP地址的类型。

（2）主机号码字段（Host-id）：主机号码字段用来区分一个网络内的不同主机。对于网络号码相同的设备，无论实际所处的物理位置如何，它们都是处在同一个网络中。

IP地址是一种非等级的地址结构，IP地址不能反映任何有关主机位置的地理信息，只能通过网络号码字段判断出主机属于哪个网络。当一台主机同时连接到两个网络上时，该主机就必须同时具有两个相应的IP地址，其网络号码Net-id是不同的，这种主机称为多地址主机（Multihomed Host）。主机上的每个接口都对应着一个IP地址，因此多接口主机会有多个IP地址。

7.3.2　IPv4 地址分类

为了方便IP地址的管理及组网，IP地址分成5类，如图7-3所示。

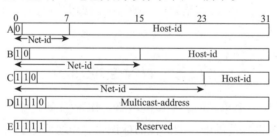

图 7-3　5 类 IP 地址结构

A、B和C是三个基本的类，分别代表不同规模的网络。A类地址1字节的网络号，3字节的主机号，用于少量的大型网络；B类地址2字节的网络号，2字节的主机号，用于中等规模的网络；C类地址3字节的网络号，1字节的主机号，用于小规模的网络。当前大量使用的IP地址属于A、B、C三类IP地址中的一种。D类地址是组播地址，范围为224.0.0.0 ~ 239.255.255.255，E类地址保留。A、B、C、D、E类的类别字段分别是二进制数0、10、110、1110、1111，通过网络号码字段的前几个比特就可以判断IP地址属于哪一类，这是区分各类地址最简单的方法。

1. A类地址

第一个字节的最高位固定为0，另外7比特可变的网络号可以标识2^7=128个网络，即网络编号0 ~ 127，0一般不用，127用作环回测试地址，所以共有126个可用的A类网络。A类地址的24比特主机号可以标识2^{24}=1 677 216台主机。另外，主机号为全0时用于表示网络地址，主机号为全1时用于表示广播地址。这两个主机号不能用来标识主机。所以每个A类网络最多可以容纳1 677 214台主机。

2. B类地址

第一个字节的最高2比特固定为10，另外14比特可变的网络号可以标识2^{14}=16 384个网络。16比特主机号可以标识2^{16}=65 536台主机。由于主机号不能为全0和全1，所以每个B类网络最多可以容纳65 534台主机。B类地址的第一个字节的取值范围为128～191。

3. C类地址

第一个字节的最高3比特固定为110，另外21比特可变的网络号可以标识2^{21}=2 097 152个网络。8比特主机号可以标识2^8=256台主机，由于主机号不能为全0和全1，所以每个C类网络最多可以容纳254台主机。C类地址的第一个字节的取值范围为192～223。

4. D类地址

D类地址用于组播（Multicasting），因此，D类地址又称组播地址。D类地址的范围为224.0.0.0～239.255.255.255，每个地址对应一个组，发往某一组播地址的数据将被该组中的所有成员接收。D类地址不能分配给主机。D类地址的第一个字节的取值范围为224～239。有些D类地址已经分配用于特殊用途。

224.0.0.0是保留地址，224.0.0.1是指本子网中的所有系统，224.0.0.2是指本子网中的所有路由器，224.0.0.9是指运行RIPv2路由协议的路由器，224.0.0.11是指移动IP中的移动代理。

5. E类地址

E类地址为保留地址，可以用于实验目的。E类地址的范围为240.0.0.0～255.255.255.254，E类地址的第一个字节的取值范围为240～255。

依据上面计算，A类、B类和C类地址对应的IP地址分类及范围如表7-1所示。

表 7-1 IP 地址分类及范围

网络类别	网络数	最小网络号	最大网络号	IP 地址范围	每个网络 IP 地址数
A	126（2^7-2）	1	126	1.0.0.1 ～ 126.255.255.254	16 777 214（$2^{24}-2$）
B	16 384（2^{14}）	128.0	191.255	128.0.0.1 ～ 191.255.255.254	65 534（$2^{16}-2$）
C	2 097 152（2^{21}）	192.0.0	223.255.255	192.0.0.1 ～ 223.255.255.254	254（2^8-2）

7.3.3 子网掩码

上面学习了IP地址，知道IP地址由网络号和主机号两部分组成，共32比特，网络号标识主机所在的网络，主机号标识一个网络内的不同主机。如果两个主机IP地址的网络号部分相同，表示两个主机在同一个网络内可直接通信，主机直接转发数据到本网络内即可；如果两个主机IP地址的网络号部分不相同，两个主机在不同网络内，主机要转发数据到本网络网关，再经过路由转发到目的网络。主机发送数据前要判断目的IP地址网络号是否和本主机IP地址网络号相同，才能做出转发策略。而判断一个IP地址隐含的网络号或网络地址要通过子网掩码来实现。

子网掩码（Subnet Mask）又称网络掩码、地址掩码，由左边连续的二进制数1和右边连续的二进制数0组合而成，总共32位二进制数。子网掩码中连续的二进制数1对应于二进制数表示的IP地址中网络号位数，连续的二进制数0对应于二进制数表示的IP地址中主机号位数，如子网掩码1111111

1.11111111.0000000.00000000对应十进制表示的IP地址180.121.34.100，则子网掩码16个1对应IP地址网络号为180.121，子网掩码16个0对应IP地址主机号为34.100。

1.子网掩码的表示方法

（1）点分十进制表示法。二进制转换为十进制，每8位用点号隔开。例如，子网掩码二进制11111111.11111111.11111111.00000000，十进制表示为255.255.255.0

（2）IP地址斜线记法。IP地址/n，n表示子网掩码中二进制1的位数。例如，192.168.1.100/24，24表示子网掩码中有24位，其子网掩码表示为255.255.255.0，二进制表示为11111111.11111111.11111111.00000000。又如，172.16.198.12/20，其子网掩码表示为255.255.240.0，二进制表示为11111111.11111111.11110000.00000000。

2.子网掩码的分类

（1）缺省子网掩码，也称默认子网掩码，即一个网络未划分子网。未划分子网的IP地址由网络号和主机号构成，网络号部分位数对应子网掩码中连续1的位数，主机号部分位数对应子网掩码连续0的位数。

A类IP地址的网络位数是8位，子网掩码为11111111.00000000.00000000.00000000，换算成二进制表示为255.0.0.0。

B类IP地址的网络位数是16位，子网掩码为11111111.11111111.00000000.00000000，换算成十进制表示为255.255.0.0。

C类IP地址的网络位数是24位，子网掩码为11111111.11111111.11111111.00000000，换算成十进制表示为255.255.255.0。例如，IP地址203.100.45.12所在网络没有划分子网，网络号24比特，对应子网掩码24个1，默认子网掩码为255.255.255.0。

（2）划分子网后的子网掩码。关于子网划分后的子网掩码将在下面的子网划分小节继续讲解，这里不再阐述。

3.子网掩码的作用

子网掩码是用来判断任意两台主机的IP地址是否属于同一网络的依据，就是用两台主机的IP地址和自己主机的子网掩码做"与"运算，根据算出的网络地址是否相同做出转发判断。

可以简单地理解：A主机要与B主机通信，A主机和B主机各自的IP地址与A主机的子网掩码进行"与"运算获得网络地址，由算出的结果做转发判断：

（1）如果结果相同，则说明这两台主机处于同一个网段，A主机直接转发数据到本网段给B主机。

（2）如果结果不同，说明A、B主机不在同一个网段，A主机转发数据到本网络网关，再经过路由转发到达目的网络中主机B。

按位"与"运算是计算机中一种基本的逻辑运算方式，符号表示为&，也可以表示为 and。参加运算的两个数据，按二进制位进行"与"运算。运算规则：0&0=0；0&1=0；1&0=0；1&1=1。即两位同时为1，结果才为1，否则都为0。

IP地址和子网掩码计算网络地址步骤：将IP地址与子网掩码转换成二进制数；将二进制形式的 IP 地址与子网掩码做"与"运算；将得出的结果转化为十进制，便得到网络地址，如图7-4所示。

192.168.100.5	11000000. 10101000. 01100100.	00000101
255.255.255.0	11111111. 11111111. 11111111.	00000000
与运算		
结果为: 192.168.100.0	11000000. 10101000. 01100100.	00000000

图 7-4 IP 地址和子网掩码的"与"运算

假如 IP 地址十进制表示为 ×.×.×.×，更简单的计算方法为十进制子网掩码 255 和十进制 IP 地址对应部分 × 相"与"仍等于 ×，子网掩码中 0 和 IP 地址对应部分 × 相"与"为 0。如果子网掩码出现大于 0 小于 255 的数与 × 相"与"，要转化为二进制进行"与"运算。

7.3.4 特殊类型地址

在 IP 地址中有一些并不是来标注主机的，这些地址具有特殊的意义。这些地址包括网络地址、直接广播地址、受限广播地址、本网络地址、环回地址等，如表 7-2 所示。

表 7-2 特殊情况的 IP 地址

网络号	主 机 号	能否作为源地址	能否作为目的地址	描 述
全 0	全 0	可以	不可以	表示本网络上的本主机
全 0	主机号	可以	不可以	表示本网络上的特定主机
127	非全 0 或全 1 的任何值	可以	可以	用于环回地址
全 1	全 1	不可以	可以	本网络广播地址
Net-id	全 1	不可以	可以	向指定网络进行广播

1.网络地址

因特网上的每个网络都有一个 IP 地址，其主机号部分为 0。该地址用于标识一个网络，不能分配给主机，因此不能作为数据的源地址和目的地址。

A 类网络的网络地址为 Network-number.0.0.0。例如，120.0.0.0。

B 类网络的网络地址为 Network-number.0.0。例如，139.22.0.0。

C 类网络的网络地址为 Network-number.0。例如，203.120.16.0。

2.直接广播地址

直接广播（Direct Broadcast Address）是指向某个网络上所有的主机发送报文。TCP/IP 规定，主机号各位全部为 1 的 IP 地址用于广播，称为广播地址。路由器在目标网络处将 IP 直接广播地址映射为物理网络的广播地址，以太网的广播地址为 6 个字节的全 1 二进制位，即 ff:ff:ff:ff:ff:ff。

3.受限广播地址

直接广播要求发送方必须知道目的网络的网络号。但有些主机在启动时，往往并不知道本网络的网络号，这时如果想要向本网络广播，只能采用受限广播地址（Limited Broadcast Address）。受限广播地址是在本网络内部进行广播的一种广播地址。TCP/IP 规定，32 位比特全为 1 的 IP 地址用于本网络内的广播，其点分十进制表示为 255.255.255.255，受限广播地址只能作为目的地址。路由器隔离受限广播，不对受限广播分组进行转发。也就是说，因特网不支持全网络范围的广播。

4.本网络地址

TCP/IP协议规定，网络号各位全部为0时表示的是本网络。本网络地址分为两种情况：本网络特定主机地址和本网络本主机地址。本网络特定主机地址如0.0.0.10，表示C类网络的一个特定主机地址，只作为源地址。本网络本主机地址的点分十进制表示为0.0.0.0，本网络本主机地址只能作为源地址。

5.环回地址

环回地址（Loopback Address）是用于网络软件测试以及本机进程之间通信的特殊地址。A类网络地址127.×.×.×被用作环回地址，习惯上采用127.0.0.1作为环回地址，命名为localhost。当使用环回地址作为目标地址发送数据时，数据将不会被发送到网络上，而是在数据离开网络层时将其回送给本机的有关进程。

7.3.5　私有 IPv4 地址

地址按用途分为私有地址和公有地址两种。所谓私有地址就是在A、B、C三类IP地址中保留下来为企业内部网络分配地址时所使用的IP地址段，私有IP地址属于非注册地址，专门为组织机构内部通信使用。使用私有地址可以隔离局域网内主机和 Internet通信，增强内网安全性，对外网屏蔽内网细节，节省IP地址资源。

私有地址在公网上是不能被识别的，使用私有地址访问外网必须通过NAT将内部IP地址转换成公网上可用的IP地址，从而实现内部IP地址与外部公网的通信。公有地址是在广域网内使用的地址，但在局域网中同样也可以使用。RFC 1918定义了私有IP地址范围，如表7-3所示。

表 7-3　私有 IP 地址范围

网　络　类　型	地　址　范　围
A	10.0.0.0 ~ 10.255.255.255
B	172.16.0.0 ~ 172.31.255.255
C	192.168.0.0 ~ 192.168.255.255

7.4　子网划分

7.4.1　子网划分的含义

子网划分是在现有局域网的基础上，把现有网络进一步划分成范围更小的若干独立子网，每个子网都属于一个独立的小网络，子网之间不能直接进行通信。子网的划分是网络内部的行为，从外部看这个单位网络仍然是一个网络，对外仍然表现为一个网络。

7.4.2　子网划分的意义

（1）实现更小的广播域，限制广播数据传播范围，和划分VLAN有相同的意义。网络规模越大，广播数据包发送所占用的资源就越多，很可能就形成广播风暴，正常的网络通信可能被中断，致使网络瘫痪。通过划分子网，在一个子网或网段中所存有的主机数目减少，广播所影响的范围也相应减小。

（2）提高网络通信性能和简化网络管理，提高网络安全性。由于不同子网之间是不能直接通信的，网络越小入侵的途径越少，安全性也相对提高。

（3）传统IP地址分类方法不合理，给每一个实际的物理网络分配一个网络号有时造成IP地址的利用率低，借助子网划分可提高IP地址利用率，是对分类IP地址的改进。例如，构建一个局域网申请获得一个B类网络号，这个B类网络拥有6万多个IP地址，在理论上是允许6万多台计算机连接成一个网络，但在实际网络结构中这种规模的局域网一般是不存在的，这样就浪费了IP地址资源，因此，为了合理分配IP地址资源，传统类别A、B、C类IP地址的分类方法已经不合时宜，必须借助子网划分提高IP地址利用率。

7.4.3　划分子网的实例

对于一个IP地址，网络号不变，从主机号借用若干比特作为子网号，主机号就相应减少了若干比特，如图7-5所示。划分子网后，子网数目是多少？每个子网的网络地址和广播地址是多少？每个子网的IP地址范围以及划分子网后的子网掩码是多少？下面通过实例进行讲解。

IP地址 ::= {<网络号>, <子网号>, <主机号>}

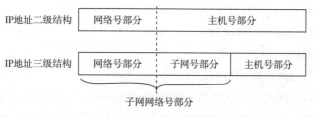

图 7-5　子网划分示意图

实例1：某公司组建网络获得一个C类网络地址200.200.200.0/24，现该公司决定在本网络内进行子网划分，从主机号借用2比特，求解以下问题：

（1）可划分为几个子网？

（2）计算每个子网网络地址和子网广播地址。

（3）每个子网容纳的主机数最多为多少？

（4）计算每个子网的IP地址范围。

（5）划分子网后的子网掩码是多少？

解答步骤如下：

（1）传统C类IP地址二进制表示网络号24比特，主机号8比特，从主机号8比特中借2比特作为子网号，有2^2种不同组合，即可标识4个子网，子网号分别为00、01、10、11。

（2）对于网络地址表示，网络号和子网号不变，主机号6比特全为0，子网号和主机号组合即表示子网网络地址，子网号2比特和主机号6比特组合成一个整体转换成十进制，子网网络地址分别为：

00子网网络地址：200.200.200.00000000 = 200.200.200.0

01子网网络地址：200.200.200.01000000= 200.200.200.64

10子网网络地址：200.200.200.<u>10</u>000000= 200.200.200.128

11子网网络地址：200.200.200.<u>11</u>000000= 200.200.200.192

对于子网广播地址表示，网络号和子网号不变，主机号6位比特全为1，子网号和主机号组合即表示子网广播地址，分别为：

00子网广播地址：200.200.200.<u>00</u>111111 = 200.200.200.63

01子网广播地址：200.200.200.<u>01</u>111111= 200.200.200.127

10子网广播地址：200.200.200.<u>10</u>111111= 200.200.200.191

11子网广播地址：200.200.200.<u>11</u>111111= 200.200.200.255

（3）由于划分子网后每个子网主机号6比特，有2^6种组合，每个子网拥有的IP地址为$2^6-2=62$个，可分配给62台主机，减2是去掉主机号为全0的网络地址和主机号为全1的广播地址。

（4）由于主机号有6个比特，去掉全0和全1两个特殊地址，每个子网的IP地址范围分析如下：

200.200.200.[<u>00</u>000001 ~ <u>00</u>111110]

00子网IP地址范围：200.200.200.1~200.200.200.62

200.200.200. [<u>01</u>000001 ~ <u>01</u>111110]

01子网IP地址范围：200.200.200.65~200.200.200.126

200.200.200. [<u>10</u>000001 ~ <u>10</u>111110]

10子网IP地址范围：200.200.200.129~200.200.200.190

200.200.200. [<u>11</u>000001 ~ <u>11</u>111110]

11子网IP地址范围：200.200.200.193~200.200.200.254

（5）划分子网后的子网掩码。从主机号借用若干比特划分子网后，多了子网号部分，网络号和子网号构成子网网络标识，网络号和子网号位数之和对应子网掩码中连续1的位数，所以，IP地址由二级结构划分子网变成三级结构，子网号位数增加导致子网掩码1的位数也相应增加，如图7-6所示。

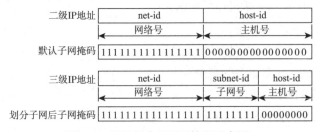

图7-6 子网划分后子网掩码示意图1

本例C类网络200.200.200.0/24默认子网掩码24位1，十进制表示为255.255.255.0，从主机号固定借2比特划分子网，子网号增加2位，对应子网掩码1也增加2位，所以，划分子网后的子网掩码26位1，均分成4个部分，转换为十进制计算如下：

11111111.11111111.11111111.11000000 → 255.255.255.192

本例如借3比特划分子网，子网掩码27位1，计算如下：

11111111.11111111.11111111.11100000 → 255.255.255.224

本例如借4比特划分子网，子网掩码28位1，计算如下：

11111111.11111111.11111111.11110000 → 255.255.255.240

实例2：已知主机的IP地址192.168.1.73/27。

（1）判断该IP地址所在网络有没有划分子网。

（2）如划分子网请计算该IP地址对应的网络地址。

（3）计算所有其他子网网络地址。

解答步骤如下：

（1）由网络号范围或IP地址类别判断该IP地址为传统C类地址，如果没有划分子网，默认子网掩码应为24位1，但所给子网掩码27位1，多了3位1，对应子网号部分，所以该网络进行了子网划分，从主机号部分借3比特进行子网划分。

（2）用IP地址和子网掩码做"与"运算，即192.168.1.73和255.255.255.224相"与"可得192.168.1.64，关键是73和对应224要转换为二进制来进行"与"运算，结果为64，IP地址每部分和对应255相"与"，结果不变。

（3）3比特有2^3种组合，划分了8个子网，子网网络地址计算如下：

000子网网络地址：200.200.200.00000000 = 200.200.200.0

001子网网络地址：200.200.200.00100000= 200.200.200.32

010子网网络地址：200.200.200.01000000= 200.200.200.64

011子网网络地址：200.200.200.01100000= 200.200.200.96

100子网网络地址：200.200.200.10000000 = 200.200.200.128

101子网网络地址：200.200.200.10100000= 200.200.200.160

110子网网络地址：200.200.200.11000000= 200.200.200.192

111子网网络地址：200.200.200.11100000= 200.200.200.224

实例3：现有网络地址156.156.0.0/16，决定在本网络内进行子网划分，如在本网络内划分100个子网，应从主机号借多少比特划分子网？划分子网后的子网掩码为多少？

解答如下：

网络地址156.156.0.0/16网络号16比特，主机号16比特，假设从主机号借n比特可划分100个子网，即$2^n \geqslant 100$，算出$n \geqslant 7$，从主机号至少借7比特可划分100个子网。子网号7位，子网增加7个1，即子网掩码23位，转换为十进制为：

11111111.11111111.11111110.00000000 → 255.255.254.0

多划分出一个子网号字段也是要付出代价的。举例来说，本来一个传统B类网络可以拥有65 534个IP地址。但如从主机号借出5比特长的子网号后，最多可划分32个子网，每个子网有11比特的主机号，即每个子网最多可有2 046个IP地址，因此划分子网后IP地址的总数是32 × 2 046=65 472个，比不划分子网时要少62个地址，这也是划分子网付出的代价。

7.5　IPv6 基础

IPv6是IETF设计的用于替代现行版本IPv4的下一代IP协议。

7.5.1　IPv4 设计的不足

1.IPv4地址空间不足

IPv4地址采用32比特标识，理论上能够提供的地址数量是43亿。但由于地址分配的原因，实际可使用的数量不到43亿。另外，IPv4地址的分配也很不均衡：美国占全球地址空间的一半左右，而欧洲则相对匮乏；亚太地区则更加匮乏。与此同时，移动IP和宽带技术的发展需要更多的IP地址。IPv4地址资源紧张直接限制了IP技术应用的进一步发展。针对IPv4的地址短缺问题，也曾先后出现过几种解决方案。比较有代表性的是CIDR（Classless Inter-Domain Routing）和NAT（IP Network Address Translator）。但是CIDR和NAT都有各自的弊端和不能解决的问题，由此推动了IPv6的发展。

2.主干路由器维护的路由表表项过于庞大

由于IPv4发展初期的分配规划问题，造成许多IPv4地址分配不连续，不能有效聚合路由。日益庞大的路由表耗用较多内存，对设备成本和转发效率产生影响，这一问题促使设备制造商不断升级其路由器产品，以提高路由寻址和转发性能。

3.不易进行自动配置和重新编制

由于IPv4地址只有32比特，并且地址分配不均衡，导致在网络扩容或重新部署时，经常需要重新分配IP地址。因此需要能够进行自动配置和重新编址，以减少维护工作量。

4.不能解决日益突出的安全问题

随着因特网的发展，安全问题越来越突出。IPv4协议制定时并没有仔细针对安全性进行设计，因此固有的框架结构并不能支持端到端的安全。IPv6将IPSec协议作为它的标准扩展头实现，可以提供端到端的安全特性。

IPv6技术从根本上解决了IP地址短缺的问题，且易于部署，能够兼容当前的各种应用，方便用户的平滑过渡；同时可实现与IPv4网络的共存和互通。IPv6技术的优越性显而易见，因此得以迅猛发展。

7.5.2　IPv6 技术的优点

1.128比特地址长度，大大增加了地址空间

IPv6地址长度为128比特，也就是说IPv6协议最多支持2^{128}个地址，较于IPv4的32比特地址长度，其地址空间增加了$2^{128}-2^{32}$个，很好地解决了IPv4地址空间不足的致命缺陷。如果地球表面都覆盖着计算机，那么IPv6允许每平方米拥有7×10^{23}个IP地址；如果地址分配的速率是每微秒100万个，那么需要10^{19}年才能将所有的地址分配完毕。

2.层次化的地址结构，提高路由效率

IPv6的地址空间采用了层次化的地址结构，利于路由快速查找，同时借助路由聚合，可减少IPv6路由表的大小，提高路由设备的转发效率。

3.地址自动配置

为了简化主机配置，IPv6支持有状态地址配置（Stateful Address Autoconfiguration）和无状态地址配置（Stateless Address Autoconfiguration）。对于有状态地址配置，主机通过服务器获取地址信息和配置信息。对于无状态地址配置，主机自动配置地址信息，地址中带有本地路由设备通告的前缀和主机的接口标识。如果链路上没有路由设备，主机只能自动配置链路本地地址，实现与本地节点的互通。

4.IPv6报文头部简洁，灵活，效率更高，易于扩展

IPv6和IPv4相比，去除了IHL、Identifiers、Flags、Fragment Offset、Header Checksum、Options、Padding域，只新增了流标签域，因此，IPv6报文头部的处理较IPv4大大简化，提高了处理效率。另外，IPv6为了更好地支持各种选项处理，提出了扩展头的概念，新增选项时不必修改现有结构就能做到，理论上可以无限扩展，体现了优异的灵活性。

5.支持端到端的安全

在IPv6中支持端到端的安全要容易得多。IPv6中支持为IP定义的安全目标：保密性（只有预期接收者能读数据）、完整性（数据在传输过程中没有被篡改）、验证性（发送数据的实体和所宣称的实体完全一致）。

6.支持移动特性

IPv6协议规定必须支持移动特性，任何IPv6节点都可以使用移动IP移动功能。和移动IPv4相比，移动IPv6使用邻居发现功能可直接实现外地网络的发现并得到转交地址，而不必使用外地代理。同时，利用路由扩展头和目的地址扩展头移动节点和对等节点之间可以直接通信，解决了移动IPv4的三角路由、源地址过滤问题，移动通信处理效率更高且对应用层透明。

7.新增流标签域，更利于服务质量控制

IPv6报文头部中新增了流标签域，即Flow Label字段，源节点可以使用这个域标识特定的数据流。转发路由器和目的节点都可根据此标签域进行特殊处理，如视频会议和VOIP等数据流。

7.5.3　IPv6 报文格式

IPv6报文格式如图7-7所示，基本报头有8个字段，固定大小为40字节，各个字段含义解释如下：

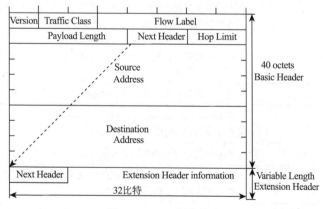

图 7-7　IPv6 报文格式

（1）Version：版本号，长度为4比特。对于IPv6，该值为6。

（2）Traffic Class：流类别，长度为8比特。等同于IPv4中的TOS字段，表示IPv6数据报的类或优先级，主要应用于QoS。

（3）Flow Label：流标签，长度为20比特。IPv6中的新增字段，用于区分实时流量，不同的流标签+源地址可以唯一确定一条数据流，中间网络设备可以根据这些信息更加高效率地区分数据流。

（4）Payload Length：有效载荷长度，长度为16比特。有效载荷是指紧跟IPv6报头的数据报的其他部分，即扩展报头和上层协议数据单元。该字段只能表示最大长度为65 535字节的有效载荷。如果有效载荷的长度超过这个值，该字段会置0，而有效载荷的长度用逐跳选项扩展报头中的超大有效载荷选项来表示。

（5）Next Header：下一个报头，长度为8比特。该字段定义紧跟在IPv6报头后面的第一个扩展报头（如果存在）的类型，或者上层协议数据单元中的协议类型。

（6）Hop Limit：跳数限制，长度为8比特。该字段类似于IPv4中的Time To Live字段，它定义了IP数据报所能经过的最大跳数。每经过一个设备，该数值减去1，当该字段的值为0时，数据报将被丢弃。

（7）Source Address：源地址，长度为128比特。表示发送方的地址。

（8）Destination Address：目的地址，长度为128比特。表示接收方的地址。

（9）IPv6扩展报头。在IPv4中，设备处理选项字段中的特殊属性会占用很大的资源，因此很少使用。IPv6将IPv4中选项部分字段从基本报头中剥离，放到了扩展报头中。一个 IPv6报文可以包含0个、1个或多个扩展报头；IPv6扩展头长度任意，不受40字节限制，这样便于日后扩充新增选项，这一特征加上选项的处理方式使得IPv6选项能得以真正的利用。目前，RFC 2460中定义了6个IPv6扩展头：逐跳选项报头、目的选项报头、路由报头、分段报头、认证报头、封装安全净载报头，如表7-4所示。路由设备转发时根据基本报头中Next Header值来决定是否要处理扩展头，并不是所有的扩展报头都需要被转发路由设备查看和处理的。

表7-4　扩展报头功能描述

报头类型	代表该类报头的 Next Header 字段值	描　　述
逐跳选项报头	0	该选项主要用于为在传送路径上的每跳转发指定发送参数，传送路径上的每台中间节点都要读取并处理该字段。 逐跳选项报头目前的主要应用有以下三种： 用于巨型载荷（载荷长度超过65 535 字节）。 用于设备提示，使设备检查该选项的信息，而不是简单地转发出去。 用于资源预留（RSVP）
目的选项报头	60	携带一些只有目的节点才会处理的信息。主要应用于移动 IPv6
路由报头	43	和 IPv4 的 Loose Source and Record Route 选项类似，该报头能够被 IPv6 源节点用来强制数据包经过特定的设备
分段报头	44	IPv6 分段发送使用的是分段报头
认证报头	41	该报头由 IPsec 使用，提供认证、数据完整性以及重放保护。它还对 IPv6 基本报头中的一些字段进行保护
封装安全净载报头	50	该报头由 IPsec 使用，提供认证、数据完整性以及重放保护和 IPv6 数据报的保密，类似于认证报头

7.5.4　IPv6 地址

1.IPv6地址表示

IPv6的地址长度为128比特，是IPv4地址长度的4倍。于是IPv4点分十进制格式不再适用，采用十六进制数表示。IPv6地址有三种表示方法。

（1）冒号十六进制表示法。格式为×:×:×:×:×:×:×:×，共8部分×，每个×对应地址中16比特，再把16比特转化为十六进制表示，如IPv6地址：

ABCD:EF01:2345:6789:ABCD:EF01:2345:6789，共32位十六进制数。

（2）0压缩表示法。一个IPv6地址中出现连续0的可能性很大，对连续0采用两种方法压缩：第一种把每个×中的前导0省略掉，例如，2001:0DB8:0000:0023:0008:0800:200C:417A→2001:DB8:0:23:8:800:200C:417A；第二种把连续的一段0压缩为::，但为保证地址解析的唯一性，地址中::只能出现一次，例如：

1080:0:0:0:8:800:200C:417A 等价于1080::8:800:200C:417A；

FF01:0:0:0:0:0:0:101等价于FF01::101；

0:0:0:0:0:0:0:1等价于::1；

0:0:0:0:0:0:0:0等价于::。

（3）带前缀的IPv6地址表示法。形如IPv6地址/前缀长度，其中"IPv6地址"是用上面任意一种表示法表示的IPv6地址，"前缀长度"是一个十进制值，表示此IPv6地址从最左边开始网络标识有多少个二进制位，所以"前缀长度"可以理解为IPv4地址中子网网络号位数。例如，FECO:0:0:1::ABCD/64，64位FECO:0:0:1构成了此地址的前缀，即子网网络号占64比特。

2.IPv6地址分类

所有类型的IPv6地址都被分配到接口而不是节点，一个节点可能有多个接口，这里的节点可以是服务器、路由器等，接口就是节点上的网络接口卡，简称网卡。IPv6地址是单个接口或一组接口的128位标识符，主要有单播（Unicast）地址、组播/多播（Multicast）地址和泛播（Anycast）地址三种类型。

（1）单播地址。

① 单播地址的特点。单播地址实现点对点的网络通信，每次只有两个实体相互通信，发送端和接收端是唯一确定的。一个单播地址通常代表节点的一个网络接口卡，发往单播地址的包被送给该地址标识的接口。IPv6单播地址由子网前缀和接口ID标识符两部分组成。接口ID目前定义为64比特，可以根据网卡的MAC地址生成接口标识符或采用随机算法生成以保证唯一性。

根据网卡MAC地址生成接口ID：Windows 系统及大多数Linux发行版都采用这种方式生成接口ID。以太网网卡MAC地址共48位，前24位表示厂商代号，后24位为网卡编号。要转成IPv6接口ID，首先将这两个24位断开，插入0xFF、0xFE两个字节，这样也就转成64位扩展唯一标识符，即EUI-64（64-bit Extended Unique Identifier）地址，然后将EUI-64地址的第7比特换成1，具体步骤如图7-8所示。这是因为由于在标准的IEEE 802网卡中，如果该位为0，则表示该地址受IEEE管辖。

例如，假设有一网卡MAC地址为00-15-C5-52-CA-9E，现将其转换成接口ID，请计算结果。

随机生成接口ID：出于安全考虑，Windows Vista及之后的Windows系统都默认采用随机生成方式产生接口ID，而不是用EUI-64，可以通过以下命令禁用随机数生成接口ID，注意以管理员身份运行此命令。

netsh interface ipv6 set global randomizeidentifiers=disabled

还可以通过以下命令查看当前系统是以何方式生成接口ID标识符：

netsh interface ipv6 show global

② 单播地址的类型。IPv6单播地址主要分为全球单播地址、链路本地单播地址、站点本地单播地址和唯一区域地址，这些类型的地址在接口ID确定的情况下就被唯一确定，相对应地，它们唯一确定一个网络接口或者主机。

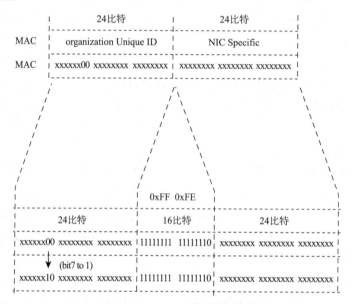

图7-8　64位接口ID生成示意图

全球单播地址（Global unicast address）相当于IPv4的全球公有地址，可以接入Internet，并可以被路由。全球单播地址具有4个字段，如图7-9所示。

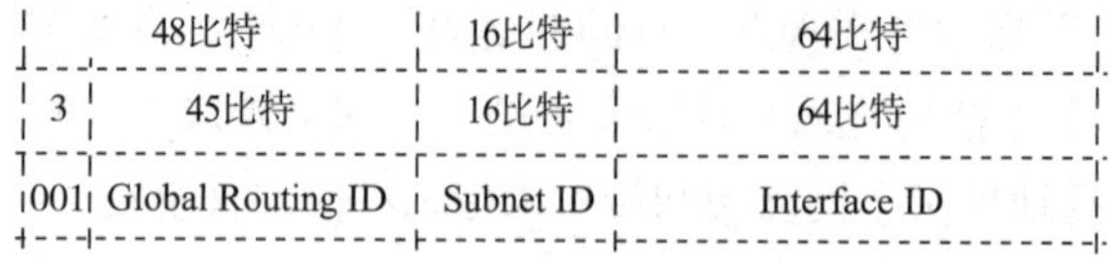

48比特		16比特	64比特
3	45比特	16比特	64比特
001	Global Routing ID	Subnet ID	Interface ID

图7-9　全球单播地址组成结构

001：全球单播地址的识别前缀3比特，固定为001，占用整个IPv6地址空间的1/8。

Global Routing ID：站点路由前缀相当于IPv4地址网络号，站点可以是一个单位网络。

Subnet ID：表示站点内的子网，相当于IPv4子网号，最多可以有$2^{16}=65\ 536$个子网。

Interface ID：表示子网内的网络接口，相当于IPv4地址的主机号标识。

如图7-10所示，链路本地单播地址（Link-local address）以FE80开头，识别前缀为1111 1110 10，占10比特，占整个地址空间1/1 024。IPv6协议下每个网络接口都需要分配一个链路本地地址。IPv6的链路相当于企业网络中连接在一个二层交换机上构成的链路，链路处于同一个广播域，如果从IPv4的角度来理解IPv6的链路就是在同一子网内的主机。所以，IPv6的链路本地地址只能在本地链路中使用，用于诸如自动地址配置、邻居发现或无路由器存在的单链路寻址。但是，不可以使用链路本地地址跨路由器进行子网间通信和路由转发。

10比特	54比特	64比特
1111 1110 10	000 ... 000	Interface ID

图 7-10 链路本地单播地址组成结构

链路本地单播地址类似于IPv4中APIPA（Automatic Private IP Addressing，自动专用IP寻址）所定义的地址169.254.0.0/16。首先说明一下IPv4中APIPA地址会在什么样的情况下产生和使用。例如，在企业网络中配置了DHCP服务器，为企业网络中的客户机提供IP地址分配，如果某天DHCP服务器故障，无法为企业网络中的客户机提供IP地址分配，此时客户主机会产生一个APIPA地址。该地址在一个子网范围内可以保证主机之间的通信，但是APIPA地址不可以用于子网间的路由通信。

站点本地地址（Site-local address）以FEC0开头，识别前缀占10比特，为1111 1110 11，占整个地址空间1/1024，如图7-11所示。只能在IPv6所定义的一个站点内使用，这里站点可理解为一个用私有地址构建的局域网，IPv6站点本地地址类似于IPv4所定义的私有IP地址，如10.0.0.0/8、172.16.0.0/16 ~ 172.31.255.255/16和192.168.0.0/16，所以IPv6站点本地地址不能和外网直接通信，而只能使用在企业内部网络内通信。那IPv6站点本地地址的作用是什么呢？一些基本作用描述如下：

➢用于企业内部打印机、共享文件等常见服务。

➢为企业内部服务器、客户机分配IP地址，限制访问Internet。

➢为企业内部交换机、网关、无线接入点分配IP地址。

➢用于远程管理企业内部服务器、路由器等相关网络设备。

➢没有获取全球可聚合单播地址的组织机构，可使用IPv6的本地站点地址进行网络建设。

10比特	38比特	16比特	64比特
1111 1110 11	00 ... 00	Subnet ID	Interface ID

图 7-11 站点本地单播地址组成结构

注意：链路本地地址只能在同一个二层链路中完成通信，不可被路由；而站点本地地址是可以在一个划分子网的局域网中进行子网间路由的。

2004年9月的RFC 3879已经不建议在新建的IPv6网络中使用站点本地地址，但是现有的IPv6环境仍可继续使用。本地站点地址被唯一区域地址取代。

2005年10月，RFC 4193发布，保留地址块FC00::/7用作IPv6专用网络，即作为私有地址使用，并定义其为唯一区域地址。FC00::/7被划分为两个组，FC00::/8尚未定义使用，FD00::/8可以使用，如图7-12所示，即识别前缀比特为1111 1101，占8比特，整个地址空间占1/256，随机生成40位随机二进制数。唯一区域地址取代本地站点地址，使用特点和本地站点地址相似。

8比特	40比特	16比特	64比特
1111 1101	Random bits	Subnet ID	Interface ID
48-bit routing prefix		65536	

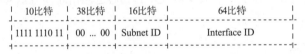

图 7-12 唯一区域地址组成结构

（2）组播/多播地址。

多播地址代表接收数据一组节点的目的地址，其组成结构如图7-13所示，多播地址的识别前缀1111 1111，可表示为FF00::/8，Flags目前有以下两个值：0000表示该多播地址由IANA组织固定分配，是已定义好的组播地址；0001表示该多播地址尚未被IANA固定分配，是临时多播地址。

图7-13　多播地址组成结构

多播具有以下特征：

① 多个节点可以加入到同一Multicast组内。

② 这些节点可以通过共同的Multicast地址监听Multicast请求。

③ 一个节点可以加入多个Multicast组。

④ 一个节点可以同时通过多个Multicast地址监听Multicast请求。

Scope字段占4比特，表示组播的范围，常用取值及其含义如下：

取值1：接口本地范围组播（Interface-local Scope）。

取值2：链路本地范围组播（Link-local Scope），一个子网范围。

取值5：站点本地范围组播（Site-local Scope），一个网络范围。

注意：IPv6中没有广播地址，它的功能正在被组播地址所代替。

（3）泛播地址。泛播指一个发送方同最近的一组接收方之间的通信。泛播不能用作源地址，而只能作为目的地址。发送到泛播地址的数据包仅发送到通过路由距离算法算出的最近泛播节点，不是所有节点。

（4）IPv6特殊地址。

① 未指定地址。单播地址0:0:0:0:0:0:0:0称为未指定的IPv6地址。未指定的IPv6地址不能分配给任何接口，未分配到IPv6地址的节点表示其没有IPv6地址。例如，一个节点启动后没有IPv6地址，发送报文时填充源地址全0，表示自身没有IP地址。未指定的IPv6地址不能在IPv6报文头或路由头中作为目的地址出现。

② 环回地址。单播地址0:0:0:0:0:0:0:1称为环回地址。此地址与IPv4中的127.0.0.1类似，一般在节点发报文给自身时使用，不能分配给物理接口。IPv6环回地址不能作为源地址使用，目的地址为IPv6环回地址的报文不能发送到源节点外，也不能被IPv6路由器转发。

小　结

✧ IPv4协议是当前互联网使用的主流网络层协议，互联下层不同的异构互联网，通过协议报文各字段实现网络层的路由和数据转发功能。

✧ 子网划分使IPv4地址的结构由传统二级结构变成三级结构，从主机标识部分拓展了子网标识，从而提高A类和B类网络IP地址的利用率，也提高网络通信性能，且便于管理网络。

✧ 子网掩码决定了IP地址网络标识、子网标识和主机标识的界限，通过与目的IP地址做"与"

运算判断数据报转发到本网络还是外部网络。

◇　IPv6协议优势明显，技术成熟，是下一代互联网发展的必然趋势，目前已处于IPv4向IPv6的
过渡阶段。

习　题

一、选择题

1. 常用 IP 地址有 A、B、C 三类，IP 地址 128.11.3.31 属于（　　　）
　　A. A 类　　　　　　　B. B 类　　　　　　　C. C 类　　　　　　　D. 非法 IP 地址

2. 新的 Internet 协议版本 IPv6 采用的地址空间为（　　　）。
　　A. 32 位　　　　　　B. 64 位　　　　　　C. 128 位　　　　　　D. 256 位

3. 以下不属于私有网络地址段的地址段是（　　　）。
　　A. 10.0.0.0~10.255.255.255　　　　　　　B. 172.16.0.0~172.31.255.255
　　C. 192.168.0.0~192.168.255.255　　　　　D. 192.168.0.1~192.168.0.255

4. 10.254.255.19/255.255.255.248 的广播地址是（　　　）。
　　A. 10.254.255.23　　　B. 10.254.255.24　　　C. 10.254.255.255　　　D. 10.255.255.255

5. 172.16.99.99/255.255.192.0 的广播地址是（　　　）。
　　A. 172.16.99.255　　　B. 172.16.127.255　　　C. 172.16.255.255　　　D. 172.16.64.127

6. 在一个传统 C 类网络中划分出 15 个子网，子网掩码为（　　　）。
　　A. 255.255.255.252　　　B. 255.255.255.248　　　C. 255.255.255.240　　　D. 255.255.255.255

7. 将一个 B 类网络精确地分为 512 个子网，那么子网掩码是（　　　）。
　　A. 255.255.255.252　　　B. 255.255.255.128　　　C. 255.255.0.0　　　D. 255.255.255.192

8. IP 地址 127.0.0.1 表示（　　　）。
　　A. 本地 Broadcast　　　B. 直接 Multicast　　　C. 本地 Network　　　D. 本地 Loopback

9. 将 172.16.100.0/24 和 172.16.106.0/24 地址聚合为（　　　）。
　　A. 172.16.0.0/24　　　B. 172.16.100.0/20　　　C. 172.16.106.0/20　　　D. 172.16.96.0/20

10. 一个 A 类地址的子网掩码是 255.255.240.0，子网标识（　　　）位。
　　A. 4　　　　　　　　B. 5　　　　　　　　C. 9　　　　　　　　D. 12

11. 在一个子网掩码为 255.255.240.0 的网络中，（　　　）不是合法的主机地址。
　　A. 150.150.37.2　　　B. 150.150.16.2　　　C. 150.150.8.12　　　D. 150.150.47.255

12. 关于 IP 地址，以下说法正确的有（　　　）。
　　A. 34.45.67.111/8 是一个 A 类地址
　　B. 112.67.222.37 和 112.67.222.80 属于同一个 IP 子网
　　C. 145.48.29.255 是一个子网广播地址
　　D. 123.244.8.0 是一个子网网络地址

13. 站点本地单播地址的类别前缀为（　　　）。
　　A. FEC0::/10　　　B. FE80::/10　　　C. FF00::/8　　　D. ::1/128

14. 地址 2001:A304:6101:1::E0:F726:4E58 为（　　　）。

　　A. 全球单播地址　　　B. 广播地址　　　　C. 链路本地地址　　　D. 站点本地地址

15. 地址 FEC0::E0:F726:4E58 为（　　　）。

　　A. 链路本地地址　　　B. 站点本地地址　　　C. 全球单播地址　　　D. 广播地址

16. 以下关于 IPv6 地址说法正确的是（　　　）。

　　A. 双冒号只能使用一次

　　B. 一个或多个相邻的全零的分段可以用双冒号 :: 表示

　　C. 用冒号将 128 比特分隔成 8 个 16 比特部分，每个部分包括 4 位十六进制数字

　　D. 每个 16 位的分段中开头的零可以省略

17. IPV6 的地址为 0001:0123:0000:0000:0000:ABCD:0000:0001/96，简写为（　　　）是错误的。

　　A. 1:123:0:0:0:ABCD:0:1/96　　　　　　　B. 1:123:0:0:0:ABCD::1/96

　　C. 1:123::ABCD:0:1/96　　　　　　　　　D. 1:123::ABCD::1/96

二、计算题

1. 现有 B 类网络中的某主机 IP 地址为 156.34.129.45，从主机号借用了 2 比特划分子网。

（1）划分为几个子网？每个子网网络地址是多少？

（2）每个子网掩码是多少？

（3）每个子网容纳的主机数为多少？

（4）每个子网的 IP 地址变化范围是什么？

2. 已知主机的 IP 地址是 192.168.1.73，子网掩码是 255.255.255.224，请确定该主机所在网络的网络地址。

3. 已知网络地址是 156.156.0.0，决定在本网络内进行子网划分，如在本网络内划分 100 个子网，应从主机号借多少比特划分子网？对应的子网掩码为多少？

4. 已知 IP 地址是 141.14.72.24，子网掩码是 255.255.192.0，试求网络地址。若子网掩码改为 255.255.224.0。试求网络地址。你有什么发现？

5. 125.125.34.27/18 和 181.121.34.4/26 这两个地址对应的子网掩码是多少？对应子网网络地址是多少？

第8章

直连路由与静态路由

　　本章首先讲述路由器、路由（Route）的概念。每条路由都包含目的地址、下一跳、出接口、到目的地的代价等要素，路由器根据自己的路由表对IP报文进行转发操作。每一台路由器都有路由表（Routing Table），路由表存储在路由器中。对路由器而言，无须任何路由配置，即可获得其直连网段的路由。路由器最初始的功能就是在若干局域网中直接提供路由功能。

　　静态路由是一种由管理员手动配置的路由，适用于简单的拓扑网络。恰当地设置和使用静态路由可以有效地改进网络的性能。

学习目标

➢了解路由的作用。

➢掌握路由转发的原理。

➢掌握路由表的构成及含义，以及如何在设备上查看路由表。

➢掌握直连路由和静态路由的配置。

➢掌握静态默认路由的配置与应用。

➢会用静态路由实现路由备份及负载分担。

8.1　路由概述

8.1.1　路由的基本概念

　　路由器提供了将异构网络互联的机制，实现将一个数据包从一个网络发送到另一个网络。路由就是指导IP数据包发送的路径信息。

　　在互联网中进行路由选择要使用路由器，路由器只是根据所收到的数据报头的目的地址选择一个合适的路径（通过某一个网络），将数据包传送到下一个路由器，路径上最后的路由器负责将数据包送交目的主机。数据包在网络上的传输就好像是体育运动中的接力赛一样，每一个路由器只负责将数据包在本站通过最优的路径转发，通过多个路由器一站一站地接力将数据包通过最优路径转发到目的地。当然也有一些例外的情况，由于一些路由策略的实施，数据包通过的路径并不一定是最优的。

路由器的特点是逐跳转发。在图8-1所示的网络中，RTA收到PC发往Server的数据包后，将数据包转发给RTB，RTA并不负责指导RTB如何转发数据包，所以，RTB必须自己将数据包转发给RTC，RTC再转发给RTD，依此类推。这就是路由的逐跳性，即路由只指导本地转发行为，不会影响其他设备转发行为，设备之间的转发是相互独立的。

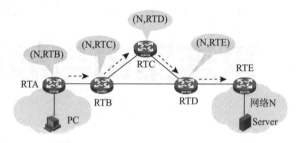

图 8-1　OSPF 路由报文转发示意图

8.1.2　路由表组成

路由器转发数据包的依据是路由表，路由表的构成如表8-1所示。每个路由器中都保存着一张路由表，表中每条路由项都指明数据包到某子网或某主机应通过路由器的哪个物理端口发送，然后就可到达该路径的下一个路由器，或者不再经过别的路由器而传送到直接相连的网络中的目的主机。

表 8-1　路由表的构成

目的地址 / 掩码	下一跳地址	出　接　口	度　量　值
0.0.0.0/0	20.0.0.2	E0/4/1	10
10.0.0.0/24	10.0.0.1	E0/4/2	0
20.0.0.0/24	20.0.0.1	E0/4/1	0
30.0.0.0/24	40.0.0.1	E0/4/2	2
40.0.0.0/24	10.0.0.1	E0/4/2	3

路由表中包含下列要素：

（1）目的地址/掩码（Destination/Mask）：用来标识IP数据报文的目的地址或目的网络。将目的地址和掩码"逻辑与"后，可得到目的主机或路由器所在网段的地址。例如，目的地址为10.0.0.0、掩码为255.0.0.0的主机或路由器所在网段的地址为10.0.0.0，掩码由若干连续1构成，既可以用点分十进制表示，也可以用掩码中连续1的个数来表示。

（2）出接口（Interface）：指明IP包将从该路由器哪个接口转发。

（3）下一跳地址（Next-hop）：更接近目的网络的下一个路由器地址。如果只配置了出接口，那么下一跳IP地址是出接口的地址。

（4）度量值（Metric）：说明IP包需要花费多大的代价才能到达目标。主要作用是当网络存在到达目的网络的多个路径时，路由器可依据度量值而选择一条较优的路径发送IP报文，从而保证IP报文能更快更好地到达目的。

根据掩码长度的不同，可以把路由表中路由项分为以下几种类型：

（1）主机路由：掩码长度是32位的路由，表明此路由匹配单一IP地址。

（2）子网路由：掩码长度小于32但大于0，表明此路由匹配一个子网。

（3）默认路由：掩码长度为0，表明此路由匹配全部IP地址。

8.1.3　路由器单跳操作

路由器是通过匹配路由表里的路由项来实现数据包的转发。如图8-2所示，当路由器收到一个数据包时，将数据包的目的IP地址提取出来，然后与路由表中路由项包含的目的地址进行比较。如果与某路由项中的目的地址相同，则认为与此路由项匹配；如果没有路由项能够匹配，则丢弃该数据包。

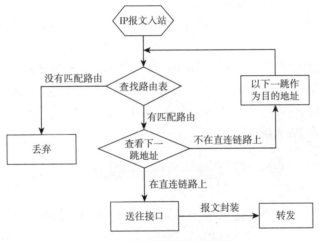

图 8-2　路由器单跳操作流程

路由器查看所匹配的路由项的下一跳地址是否在直连链路上，如果在直连链路上，则路由器根据此下一跳转发；如果不在直连链路上，则路由器需要在路由表中再查找此下一跳地址所匹配的路由项。

确定了最终的下一跳地址后，路由器将此报文送往对应的接口，接口进行相应的地址解析，解析出此地址所对应的链路层地址，然后对IP数据包进行数据封装并转发。

当路由表中存在多个路由项可以同时匹配目的IP地址时，路由查找进程会选择其中掩码最长的路由项用于转发，此为最长匹配原则。

在图8-3中，路由器接收到目的地址为40.0.0.2的数据包，经查找整个路由表，发现与路由40.0.0.0/24和40.0.0.0/8都能匹配。但根据最长匹配的原则，路由器会选择路由项40.0.0.0/24，根据该路由项转发数据包。

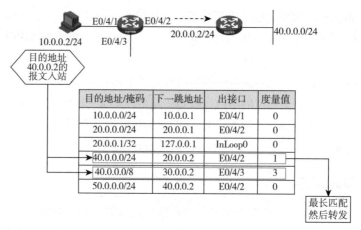

图 8-3　最长匹配转发

由以上过程可知，路由表中路由项数量越多，所需查找及匹配的次数则越多。所以一般路由器都有相应的算法来优化查找速度，加快转发。

如果所匹配的路由项的下一跳地址不在直连链路上，路由器还需要对路由表进行迭代查找，找出最终的下一跳。

在图8-4中，路由器接收到目的地址为50.0.0.2的数据包后，经查找路由表，发现与路由表中的路由项50.0.0.0/24能匹配。但此路由项的下一跳40.0.0.2不在直连链路上，所以路由器还需要在路由表中查找到达40.0.0.2的下一跳。经过查找，到达40.0.0.2的下一跳是20.0.0.2，此地址在直连链路上，则路由器按照该路由项转发数据包。

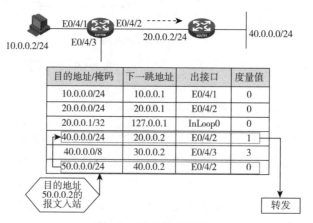

图 8-4　路由迭代查找

如果路由表中没有路由项能够匹配数据包，则丢弃该数据包。但是，如果在路由表中有默认路由存在，则路由器按照默认路由来转发数据包。默认路由又称缺省路由，其目的地址/掩码为0.0.0.0/0。

在图8-5中，路由器收到目的地址为30.0.0.2的数据包后，查找路由表，发现没有子网或主机路由匹配此地址，所以按照默认路由转发。

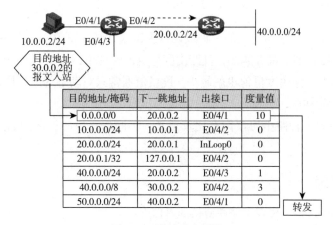

图 8-5 默认路由转发

注意：默认路由能够匹配所有IP地址，但因为它的掩码最短，所以只有在没有其他路由匹配数据包的情况下，系统才会按照默认路由转发。

8.1.4 路由的来源

路由的来源主要有如下三种：

1.直连（Direct）路由

直连路由不需要配置，当接口存在IP地址并且状态正常时，由路由进程自动生成。它的特点是开销小、配置简单、无须人工维护，但只能发现本接口所属网段的路由。

2.手动配置的静态（Static）路由

由管理员手动配置而成的路由称为静态路由。通过静态路由的配置可建立一个互通的网络。这种配置的问题在于：当一个网络故障发生后，静态路由不会自动修正，必须有管理员介入。静态路由无开销，配置简单，适合简单拓扑结构的网络。

3.动态路由协议（Routing Protocol）发现的路由

当网络拓扑结构十分复杂时，手动配置静态路由工作量大而且容易出现错误，这时就可用动态路由协议（如RIP、OSPF等），让其自动发现和修改路由，避免人工维护。但动态路由协议开销大，配置复杂。

8.1.5 路由的度量值

路由度量值（Metric）表示到达这条路由所指目的地址的代价，也称路由权值。各路由协议定义度量值的方法不同，通常会考虑以下因素：

（1）跳数。

（2）链路带宽。

（3）链路延迟。

（4）链路使用率。

（5）链路可信度。

（6）链路MTU。

不同的动态路由协议会选择其中的一种或几种因素来计算度量值。在常用的路由协议中，RIP使用"跳数"来计算度量值，跳数越小，其路由度量值也就越小；而OSPF使用"链路带宽"来计算度量值，链路带宽越大，路由度量值也就越小。度量值通常只对动态的路由协议有意义，静态路由协议的度量值统一规定为0。

路由度量值只在同一种路由协议内有比较意义，不同的路由协议之间的路由度量值没有可比性，也不存在换算关系。

8.1.6　路由优先级

路由优先级（Preference）代表了路由协议的可信度。

在计算路由信息的时候，因为不同路由协议所考虑的因素不同，所以计算出的路径也可能会不同。具体表现就是到相同的目的地址，不同的路由协议（包括静态路由）所生成路由的下一跳可能会不同。在这种情况下，路由器会选择哪一条路由作为转发报文的依据呢？这取决于路由优先级，具有较高优先级（数值越小表明优先级越高）的路由协议发现的路由将成为最优路由，并被加入路由表中。

不同厂家的路由器对于各种路由协议优先级的规定各不相同。H3C路由器的默认路由优先级如表8-2所示。

表8-2　H3C 路由器的默认路由优先级

路由协议或路由种类	路由优先级	路由协议或路由种类	路由优先级
DIRECT	0	OSPE ASE	150
OSPF	10	OSPF NASSA	150
IS–IS	15	BGP	255
STATIC	60	EBGP	255
RIP	100	UNKNOWN	255

除了直连路由外，各动态路由协议的优先级都可根据用户需求手工进行配置。另外，每条静态路由的优先级可以不相同。

8.2　直连路由和静态路由

8.2.1　直连路由概述

直连路由是指路由器接口直接相连的网段的路由。直连路由不需要特别的配置，只需在路由器的接口上配置IP地址即可。但路由器会根据接口的状态决定是否使用此路由。如果接口的物理层和链路层状态均为Up，路由器即认为接口工作正常，该接口所属网段的路由即可生效并以直连路由出现在路由表中；如果接口状态为Down，路由器认为接口工作不正常，不能通过该接口到达其地址所属网段，也就不能以直连路由出现在路由表中。

路由表中，字段Proto显示为Direct的是直连路由，如下所示：

\<Router\>display ip routing-table

Routing Tables：Public

Destinations：6		Routes：6			
Destination/Mask	Proto	Pre	Cost	NextHop	Interface
2.2.2.0/24	Direct	0	0	2.2.2.1	Eth 0/4/1
2.2.2.1/32	Direct0	0	0	127.0.0.1	In Loop 0
127.0.0.0/8	Direct	0	0	127.0.0.1	In Loop 0
127.0.0.1/32	Direct	0	0	127.0.0.1	In Loop 0
192.168.80.0/24	Direct	0	0	192.168.80.10	Eth 0/4/1
192.168.80.10/32	Direct	0	0	127.0.0.1	In Loop 0

注意：直连路由的优先级为0，即最高优先级；开销（Cost）为0，表明是直接相连。优先级和开销不能更改。

基本的局域网间路由如图8-6所示。其中路由器RTA的三个以太口分别连接三个局域网段，只需在RTA上为其三个以太口配置IP地址，即可为10.1.1.1/24、10.1.2.1/24和10.1.3.1/24网段提供路由服务。

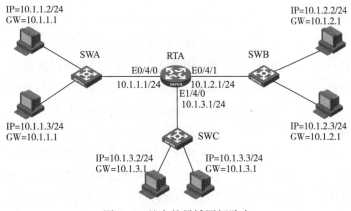

图 8-6　基本的局域网间路由

注意：终端主机需要配置相应的网关，网关的地址是相连路由器以太网的IP地址。

8.2.2　静态路由概述

静态路由（Static Routing）是一种特殊的路由，由网络管理员采用手动方法在路由器中配置。在早期的网络中，网络规模不大，路由器的数量很少，路由表也相对较小，通常采用手动的方法对每台路由器的路由表进行配置，即静态路由。这种方法适合在规模较小且路由表也相对简单的网络中使用。它较简单，容易实现，沿用了很长一段时间。

但随着网络规模的增长，在大规模的网络中路由器的数量很多，路由表的表项较多，较为复杂，在这样的网络中对路由表进行手动配置，除了配置繁杂外，还有一个更明显的问题就是不能自动适应网络拓扑结构的变化。对于大规模网络而言，如果网络拓扑结构改变或网络链路发生故障，那么路由器上指导数据转发的路由表就应该发生相应变化。如果还是采用静态路由，用手动的方法配置及修改路由表，对管理员会形成很大压力。

但在小规模的网络中，静态路由也有它的一些优点：

（1）手动配置，可以精确控制路由选择，改进网络的性能。

（2）不需要动态路由协议参与，这将会减少路由器的开销，减少不必要带宽的占用。

8.2.3 静态路由配置

静态路由的配置在系统视图下进行，命令如下：

ip route-static dest-address{*mask*|*mask-length*} {*gateway-address*|*interface-type interface-number*}
[**preference** *preference-value*]

其中各参数的解释如下：

（1）dest-address：静态路由的目的IP地址，点分十进制格式。当目的IP地址和掩码均为0.0.0.0时，配置的是默认路由，即当查找路由表失败后，根据默认路由进行数据包的转发。

（2）mask：IP地址的掩码，点分十进制格式。掩码和目的地址一起标识目的网络。把目的地址和网络掩码逻辑与，即可得到目的网络。例如，目的地址为129.100.8.10，掩码为255.255.0.0，则目的网络为129.100.0.0。

（3）mask-length：掩码长度，取值范围为0~32。由于掩码要求1必须是连续的，所以通过掩码长度能够得知具体的掩码。例如，掩码长度为24，则掩码为255.255.255.0。

（4）gateway-address：指定路由的下一跳的IP地址，点分十进制格式。

（5）interface-type interface-number：指定静态路由的出接口类型和接口号。

（6）preference preference-value：指定静态路由的优先级，取值范围为1~255，默认值为60。

在配置静态路由时，可指定发送接口interface-type interface-number，如Serial 2/0；也可指定下一跳网关地址gateway-address，如10.0.0.2。一般情况下，配置静态路由时都会指定路由的下一跳，系统自己会根据下一跳地址查找到出接口。但如果在某些情况下无法知道下一跳地址，如拨号线路在拨通前是可能不知道对方甚至自己的IP地址的，在此种情况下必须指定路由的出接口。

另外，如果出接口是广播类型接口（如以太网接口、VLAN接口等），则不能够指定出接口，必须指定下一跳地址。

注意：对于接口类型为非点对点的接口（包括NBMA类型接口或广播类型接口，如以太网接口、Virtual-Template、VLAN接口等），不能够指定出接口，必须指定下一跳地址。

视频
静态路由配置

8.2.4 静态路由配置实例

在图8-7中，在PC与Server之间有4台路由器，通过配置静态路由，使PC能够与Server通信。以下为各路由器上的相关配置。

配置RTA过程如下：

[RTA] ip route-static 10.3.0.0 255.255.255.0 10.2.0.2

[RTA] ip route-static 10.4.0.0 255.255.255.0 10.2.0.2

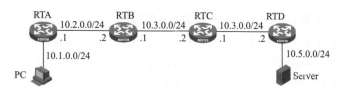

图 8-1　静态路由配冒实例

[RTA] ip route-static 10.5.0.0 255.255.255.0 10.2.0.2

配置RTB过程如下：

[RTB] ip route-static 10.1.0.0 255.255.255.0 10.2.0.1

[RTB] ip route-static 10.4.0.0 255.255.255.0 10.3.0.2

[RTB] ip route-static 10.5.0.0 255.255.255.0 10.3.0.2

配置RTC过程如下：

[RTC] ip route-static 10.1.0.0 255.255.255.0 10.3.0.1

[RTC] ip route-static 10.2.0.0 255.255.255.0 10.3.0.1

[RTC] ip route-static 10.5.0.0 255.255.255.0 10.4.0.2

配置RTD过程如下：

[RTD] ip route-static 10.1.0.0 255.255.255.0 10.4.0.1

[RTD] ip route-static 10.2.0.0 255.255.255.0 10.4.0.1

[RTD] ip route-static 10.3.0.0 255.255.255.0 10.4.0.1

在网络中配置静态路由时，要注意以下两点：

（1）因为路由器是逐跳转发的，所以，在配置静态路由时，需要注意在所有路由器上配置到达所有网段的路由，否则可能会造成某些路由器缺少路由而丢弃报文。

（2）在IP转发过程中，路由器通过下一跳IP地址找到对应的链路层地址，然后在出接口上对IP报文进行链路层封装，所以，在配置静态路由时，需要注意下一跳地址应该是直连链路上可达的地址，否则路由器无法解析出对应的链路层地址。

8.2.5　静态默认路由的配置实例

默认路由是在没有找到匹配的路由表项时使用的路由。在路由表中，默认路由以到网络0.0.0.0/0的路由形式出现，用0.0.0.0作为目的网络号，用0.0.0.0作为子网掩码。每个IP地址与0.0.0.0进行二进制"与"操作后的结果都得0，与目的网络号0.0.0.0相等，也就是说用0.0.0.0/0作为目的网络的路由记录符合所有的网络。

路由器在查询路由表进行数据包转发时，采用的是深度优先原则，即尽量让包含的主机范围小，也就是子网掩码位数长的路由记录先作转发。而默认路由所包含的主机数量是最多的，因为它的子网掩码为0，所以会被最后考虑，路由器会将在路由表中查询不到的数据包用默认路由作转发。

在路由器上合理配置默认路由能够减少路由表中表项数量，节省路由表空间，加快路由匹配速度。

视频

静态默认路由配置

默认路由可以手动配置，也可以由某些动态路由协议生成，如OSPF、IS-IS和RIP。

默认路由经常应用在末端（Stub）网络中。末端网络是指仅有一个出口连接外部的网络，如图8-7中PC和Server所在的网络，图中PC通过RTA来到达外部网络，所有的数据包由RTA进行转发。在上一节中，在RTA上配置了三条静态路由，其下一跳都是10.2.0.2，所以可以配置一条默认路由来代替这三条静态路由。

配置RTA过程如下：

[RTA] ip route-static 0.0.0.0 0.0.0.0 10.2.0.2

这样就达到了减少路由表中表项数量的目的。

同理，在其他路由器上也可以配置默认路由。

配置RTB过程如下：

[RTB] ip route-static 10.1.0.0 255.255.255.0 10.2.0.1

[RTB] ip route-static 0.0.0.0 0.0.0.0 10.3.0.2

配置RTC过程如下：

[RTC] ip route-static 0.0.0.0 0.0.0.0 10.3.0.1

[RTC] ip route-static 10.5.0.0 255.255.255.0 10.4.02

配置RTD过程如下：

[RTD] ip route-static 0.0.0.0 0.0.0.0 10.4.0.1

所以，可以看到，默认路由在网络中是非常有用的，而且几乎可以应用在所有情况下，所以，当前在Internet上，大约99.99%的路由器上都配置有一条默认路由。

8.2.6　用静态路由实现路由备份和负载分担

通过对静态路由优先级进行配置，可以灵活应用路由管理策略。在配置到达网络目的地的多条路由时，若指定相同优先级，可实现负载分担；若指定不同优先级，则可实现路由备份。

在图8-8中，某企业网络使用一台出口路由器连接到不同的ISP，如想实现负载分担，则可配置两条默认静态路由，下一跳指向两个不同接口，使用默认的优先级，配置如下：

[RTA] ip route-static 0.0.0.0 0.0.0.0 serial 0/0

[RTA] ip route-static 0.0.0.0 0.0.0.0 serial 0/1

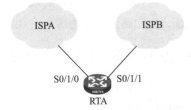

图 8-8　路由备份和负载分担实例

配置完成后，网络内访问ISP的数据报文从路由器的两个接口S0/1/0和S0/1/1轮流转发到ISP。这样可以提高路由器到ISP的链路带宽利用率，在两条链路带宽相同的情况下，流量会大致按照1∶1的比例从两个接口收发，从而可以完全利用路由器到ISP的全部带宽。

通常，负载分担应用在几条链路带宽相同或相近的场合，可以增加网络间的带宽利用率。但如果链路间的带宽不同，则可以使用路由备份的方式。

如想实现路由备份，则将其中一条路由的优先级改变。如想让连接到ISPA的线路为主线路，则可以降低到达ISPA的静态路由优先级的值，配置如下：

[RTA] ip route-static 0.0.0.0 0.0.0.0 serial0/1/0 preference 10

[RTA] ip route-static 0.0.0.0 0.0.0.0 serial 0/1/1

因为到 ISPA 的路由优先级为 10，低于到 ISPB 的路由优先级，所以数据包被优先转发到 ISPA，如果网络产生故障，如 S0/1/0 物理接口断开，即意味着路由表中下一跳失效，路由器会自动选择下一跳为 S0/1/1 的路由，数据包被转发到 ISPB。

路由备份方式可以充分利用主链路的带宽，不会受到链路带宽的限制。在负载分担模式下，如果其中某条链路的带宽较小，则成为网络传输的瓶颈，在数据流量较大，分配到较小带宽链路的数据超出其传输能力的时候，会造成部分数据拥塞而丢失。备份方式则不会受到此影响。在链路带宽相近时，可以使用负载分担模式；而在链路带宽相差较大时，使用备份方式。

小　结

✧ 路由的作用是指导 IP 报文转发。

✧ 路由表主要表项有目的地址/掩码、下一跳、出接口等。

✧ 路由的来源、路由的度量值、优先级。

✧ 直连路由、静态路由和静态默认路由的配置。

✧ 利用静态路由实现路由备份或负载分担。

习　题

选择题

1. 路由表中的要素包括（　　　）。

A. 目的地址/掩码 　　　　　　　　　　B. 下一跳地址

C. 出接口 　　　　　　　　　　　　　　D. 度量值

2. 路由的来源有（　　　）。

A. 数据链路层协议发现的路由 　　　　B. 管理员手动配置的路由

C. 路由协议动态发现的路由 　　　　　D. 根据 IP 报文计算出的路由

3. （　　　）是路由协议定义度量值时可能需要考虑的。

A. 带宽 　　　　　B. MTU 　　　　　C. 时延 　　　　　D. 可信度

4. 静态路由的默认优先级是（　　　）。

A. 0 　　　　　　B. 1 　　　　　　C. 60 　　　　　　D. 100

5. 路由器根据 IP 报文中＿＿＿＿＿＿的进行路由表项查找，并选择其中＿＿＿＿＿＿的路由项用于指导报文转发。（　　　）

A. 源 IP 地址，掩码最长 　　　　　　B. 目的 IP 地址，掩码最长

C. 源 IP 地址，掩码最短 　　　　　　D. 目的 IP 地址，掩码最短

6. 直连路由的优先级为（　　　）。

A. 0 　　　　　　B. 1 　　　　　　C. 60 　　　　　　D. 100

7. 相比于在路由器上使用 IEEE 802.1q 封装和子接口来实现 VLAN 间路由，使用三层交换机实现 VLAN 间路由的优点有（　　　）。

　　A. 路由转发引擎速率高，吞吐量大

　　B. 交换机内部转发时延低

　　C. 在相同数据吞吐量的情况下，交换机的成本比路由器低

　　D. 交换机比路由器易于使用

8. 相比于动态路由，静态路由的优点有（　　　）。

　　A. 无协议开销　　　　　　　　　　　　B. 不占用链路带宽

　　C. 维护简单容易　　　　　　　　　　　D. 可自动适应网络拓扑变化

9. 默认路由的优点有（　　　）。

　　A. 减少路由表的表项数量　　　　　　　B. 节省路由表空间

　　C. 加快路由表查找速度　　　　　　　　D. 降低产生路由环路可能性

10. 在路由器上配置到目的网络 10.1.0.0/24 的静态路由命令为（　　　）。

　　A. [RTA] ip route-static 10.1.0.0 255.255.255.0

　　B. [RTA-Ethernet0/4/1] ip route-static 10.1.0.0 255.255.255.0

　　C. [RTA] ip route-static 10.1.0.0 255.255.255.0 10.2.0.1

　　D. [RTA-Ethernet0/4/1] ip route-static 10.1.0.0 255.255.255.0 10.2.0.1

第 9 章
动态路由协议

本章首先讲述动态协议的基本概念、分类和特点。路由可以静态配置，也可以通过路由协议来自动生成，路由协议能够自动发现和计算路由，并在拓扑变化时自动更新，无须人工维护，所以适用于复杂的网络。

学习目标

➤掌握动态路由协议的基本概念。

➤掌握动态路由协议的分类、优点和缺点。

➤掌握可变长度子网掩码相关知识。

➤掌握有类路由协议和无类路由协议的区别。

➤了解距离矢量路由协议的工作原理。

➤了解链路状态路由协议的工作原理。

9.1 动态路由协议概述

9.1.1 动态路由协议简介

动态路由是路由器之间通过路由协议（如RIP、OSPF、IS-IS和BGP等）动态交换路由信息来构建路由表的。使用动态路由协议最大的好处是当网络拓扑结构发生变化时，路由器会自动地相互交换路由信息，因此，路由器不仅能够自动获知新增加的网络，还可以在当前网络连接失败时找出备用路径。

1.动态路由协议的功能

（1）发现远程网络信息。

（2）动态维护最新路由信息。

（3）自动计算并选择通往目的网络的最佳路径。

（4）当前路径无法使用时找出新的最佳路径。

2.动态路由协议的优点

（1）增加或删除网络时，管理员维护路由配置的工作量较少。

（2）网络拓扑结构发生变化时，路由协议可以自动做出调整来更新路由表。

（3）配置不容易出错。

（4）扩展性好，网络规模越大，越能体现出动态路由协议的优势。

3.动态路由协议的缺点

（1）需要占用额外的资源，如路由器CPU时间和RAM及链路带宽等。

（2）需要掌握更多的网络知识才能进行配置、验证和故障排除等工作，特别是一些复杂的动态路由协议对管理员的要求相对较高。

4.常用的动态路由协议

（1）RIP（Routing Information Protocol）：路由信息协议。

（2）EIGRP（Enhanced Interior Gateway Routing Protocol）：增强型内部网关路由协议（思科私有路由协议）。

（3）OSPF（Open Shortest Path First）：开放最短路径优先。

（4）IS-IS（Intermediate System-to-Intermediate System）：中间系统-中间系统。

（5）BGP（Border Gateway Protocol）：边界网关协议。

9.1.2　常见动态路由协议及分类

1.IGP和EGP

动态路由协议按照作用的自治系统（Autonomous System，AS）来划分，可分为内部网关协议（Interior Gateway Protocols，IGP）和外部网关协议（Exterior Gateway Protocols，EGP）。IGP用于在自治系统内部的路由，适用于IP协议的IGP包括RIP、EIGRP、OSPF和IS-IS。EGP用于不同机构管控下的不同自治系统之间的路由，BGP是目前唯一使用的一种EGP协议，也是Internet所使用的主要路由协议。

2.距离矢量路由协议和链路状态路由协议

按照路由的寻径算法和交换路由信息的方式，路由协议可以分为距离矢量（Distance Vector，DV）路由协议和链路状态（Link-State）路由协议，典型的距离矢量协议如RIP，典型的链路状态协议如OSPF。

（1）距离矢量路由协议。

距离矢量路由协议基于贝尔曼-福特算法。采用这种算法的路由器通常以一定的时间间隔向相邻的路由器发送路由更新。邻居路由器根据收到的路由更新来更新自己的路由，然后继续向外发送更新后的路由。

距离矢量协议适用场合如下：

① 网络结构简单、扁平，不需要特殊的分层设计。

② 管理员没有足够的知识来配置链路状态协议和排除故障。

③ 无须关注网络最差情况下的收敛时间。

（2）链路状态路由协议。

链路状态路由协议基于Dijkstra算法，也称最短路径优先算法。Dijkstra算法提供比D-V算法更大的扩展性和更快的收敛速度，但是耗费更多的路由器内存和CPU处理能力。Dijkstra算法关心网络中链路或接口的状态（Up或Down、IP地址、掩码），每个路由器将自己已知的链路状态向该区域的其他路由器通告，这些通告称为链路状态通告，通过这种方式区域内的每台路由器都建立了一个本区域的完整的链路状态数据库。然后路由器根据收集到的链路状态信息来创建它自己的网络拓扑图，形成一个到各个目的网段的加权有向图链路状态算法使用增量更新的机制，只有当链路的状态发生变化时才发送路由更新信息。

链路状态协议适用场合如下：

① 网络进行了分层设计。

② 管理员对于网络中采用的链路状态路由协议非常熟悉。

③ 网络对收敛速度的要求极高。

3.有类路由协议和无类路由协议

路由协议按照所支持的IP地址类别可划分为有类路由协议和无类路由协议。有类路由协议在路由信息更新过程中不发送子网掩码信息，RIPV1属于有类路由协议。而无类路由协议在路由信息更新中携带子网掩码，同时支持VLSM和CIDR等，RIPV2、EIGRP、OSPF、IS-IS和BGP属于无类路由协议。

9.1.3 路由协议的性能指标

路由协议的性能指标主要体现在以下几方面：

（1）协议计算的正确性：主要指路由协议所采用的算法会不会可能产生错误的路由而导致自环。不同路由协议所采用的算法不同，所以其正确性也不相同。总体来说，链路状态算法协议（如OSPF）在算法上杜绝了产生路由环的可能性，所以在此项指标上占优。

（2）路由收敛速度：路由收敛是指全网中路由器的路由表达到一致。收效速度快，意味着在网络拓扑发生变化时，路由器能够更快地感知并及时更新相应的路由信息，OSPF、BGP等协议的收敛速度要快于RIP。

（3）协议所占用的系统开销：路由器在运行路由协议时，需要消耗系统资源，如CPU、内存等。因为工作原理的不同，各路由协议对系统资源的需求也不同。例如，OSPF路由计算所需系统资源要大于RIP协议。

（4）协议自身的安全性：协议安全性是指协议设计时有没有考虑防止攻击，OSPF RIPv2有相应的防止协议攻击的认证方法，而RIPv1没有。

（5）协议适用网络规模：不同路由协议所适用的网络规模、拓扑不同。因RIP协议在设计时有16跳的限制，所以应该应用在较小规模网络中；而OSPF可以应用于大规模网络中；BCP能够管理全世界所有的路由器，其所能管理的网络规模大小只受系统资源的限制。

9.1.4 可变长度子网掩码

可变长度子网掩码（Variable Length Subnet Masking，VLSM）是一种产生不同掩码长度子网的网络地址分配机制，是对子网再划分子网的技术。VLSM技术对高效分配IP地址及减少路由表大小都起到非常重要的作用。支持VLSM的路由协议包括静态路由、RIPv2、EIGRP、OSPF、IS-IS和BGP。下面用一个具体的例子来讲述VLSM技术。如图9-1所示，拥有一个172.16.14.0/24的地址，路由器RTA、RTB、RTC每个以太网至少需要25台主机。

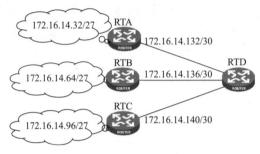

图 9-1   VLSM 技术的应用

为了满足以太网主机的数量及拓扑上所需要的网络数，需要进行子网划分，掩码长度为27位，各个网络如图9-1所示。

因为路由器RTA、RTB、RTC的以太网需要三个网络，所以分别把子网172.16.14.32/27、172.16.14.64/27、172.16.14.96/27分配给相应的网络。因为路由器RTA、RTB、RTC同路由器RTD均为点到点的链路，只需要两个IP地址，所以利用172.16.14.128/27网络再次进行子网划分，掩码长度为30位，各个网络如图9-1所示。

把子网172.16.14.132/30、172.16.14.136/30和172.16.14.140/30分别分配给三条点到点的链路使用。经过上面的划分，可以看到，节省了172.16.14.160/27和172.16.14.192/27网络，可以满足网络扩展的需要。否则，当前需要的6个网络，会把172.16.14.0/24的地址全部用完（假设不使用0子网），不能很好地满足扩展性的需要。另外，假如真的把掩码长度为27的地址分配点到点的串行链路，那就意味着浪费了同一网段的另外28个IP地址。

9.2   动态路由协议原理

9.2.1   距离矢量路由协议

因为路由是以矢量（距离、方向）的方式被通告出去，所以有"距离矢量"这一名词。其中距离根据度量值定义，方向根据下一跳路由器定义。例如，"某一路由器X方向，可以到达目标Y，距离5跳"。每台路由器都向邻接路由器学习路由信息，然后再向外通告自己学习到的路由信息。通俗说就是：往某个方向上的距离。

运行距离矢量路由协议的每台路由器，在路由信息上都依赖于自己的相邻路由器，而它的相邻路由器，又从自己相邻路由器那里学习网络路由，依此类推。这个过程就好像街头巷尾小道新闻传播一样：一传十，十传百，很快就能家喻户晓。正因为如此，一般把距离矢量路由协议称为"依照传闻的路由协议"。

距离矢量路由协议基于贝尔曼-福特算法。这种算法关心的是到目的网段的距离（有多远）和方向（从哪个接口转发数据）。

在贝尔曼-福特算法中，路由器需要向相邻的路由器发送它们的整个路由表。路由器在从相邻路由器接收到的信息的基础之上建立自己的路由表，然后将信息传递到相邻路由器。这种路由学习、传递的过程称为路由更新。

在贝尔曼-福特算法中，路由更新的规则如下：

（1）对本路由表中已有的路由项，当发送路由更新的邻居相同时，不论路由更新中携带的路由项度量值增大还是减少，都更新该路由项。

（2）对本路由表中不存在的路由项，在度量值小于无穷大时，在路由表中增加该路由项。路由更新会在每个路由器上进行，一级一级地传递下去，最后全网所有的路由器都知道了全网所有的网络信息，并在路由器中有对应的路由表项，称为路由收敛完成。

常见的距离矢量路由选择协议有RIP、BGP、EGRP（Interior Gateway Routing Protocol，内部网关路由协议）。

9.2.2　链路状态路由协议

链路状态路由协议，又称最短路径优先协议或分布式数据库路由协议。与距离矢量路由协议相比，链路状态协议对路由的计算方法有本质的差别。链路状态路由协议是层次式学习路由，网络中的路由器并不向邻居路由器传递"路由项"，而是通告给邻居路由器一些链路状态信息，最后在全网络中形成总的链路状态数据库，依据这个数据库生成各自的路由表。

常见的链路状态路由协议有OSPF、IS-IS。

距离矢量协议是平面式学习路由机制，所有的路由学习完全依靠邻居路由器交换的路由项，链路状态协议只通告给邻居路由器一些链路状态信息。运行该路由协议路由器，不是简单从相邻路由器学习路由，而是把路由器分成区域，收集区域所有路由器链路状态数据库，根据该数据库信息，生成网络拓扑结构，每一台路由器再根据拓扑结构计算出路由。

1.链路状态路由协议的优点

与距离矢量路由协议相比，链路状态路由协议具有以下优点：

（1）创建拓扑图。链路状态路由协议创建网络链路拓扑图，而距离矢量路由协议没有网络拓扑图，仅有一个网络路由列表，列出通往各个网络的开销（距离）和下一跳路由器（方向）。因为链路状态路由协议的路由器之间，互相交换链路状态信息，最后根据链路状态数据库构建网络连接的最小生成树。依托该最小生成树生成路由表，最后计算通向每个网络的最短路径。

（2）快速收敛。链路状态路由协议比距离矢量路由协议具有更快的收敛速度。路由器收到一个链路状态公告（Link State Advertisement，LSA）后，链路状态路由协议立即将该LSA从除接收该LSA的接口以外的其他所有接口泛洪出去。而距离矢量路由协议路由器需要处理每条路由更新，并且在更新完路由表后，才能将更新从路由器接口泛洪出去。

（3）触发更新。在初始链路状态信息泛洪之后，路由器链路状态路由协议仅在拓扑发生改变时才发出链路状态信息。该链路状态信息仅包含受影响链路信息。与距离矢量路由协议不同的是，链路状态路由协议不会定期发送更新。

（4）层次式设计。OSPF和IS-IS链路状态路由协议，使用区域的技术扩大网络的范围。多个区域形成层次化网络结构，不仅有利于路由聚合（汇总），还便于将路由故障形成问题隔离在一个区域内。

2.链路状态的工作过程

（1）了解直连网络。每台路由器了解自身链路信息（即直连网络）是通过检测哪些接口处于工作状态完成的。

（2）向邻居发送Hello数据包。每台路由器负责和直连网络中相邻的路由器建立联系，通过了解直连网络中路由器的链路状态，互换Hello数据包来达到此目的。

路由器使用Hello数据包发送协议，发现其链路上的所有邻居，形成一种邻接关系。这里邻居指启用了相同的链路状态路由协议的网络中的其他路由器。这些路由器之间通过发送Hello数据包来保持在两个邻接邻居之间建立关系，以通过"保持激活"功能来监控邻居路由器工作状态。如果经过某个时间间隔路由器没有收到某邻居路由器的Hello数据包，则认为该邻居路由器已无法到达，该邻接关系消失。

（3）建立链路状态数据包。每台路由器上生成一个链路状态通告（LSA），包含与该路由器直连的每条链路的状态记录；每个邻居相关信息，包括邻居ID、链路类型和带宽等信息。

（4）将链路状态数据包泛洪给邻居。每台路由器将LSA泛洪到所有邻居，然后邻居路由器将收到的所有LSA存储到数据库中。接着，各个邻居将LSA泛洪给邻居路由器，直到区域中的所有路由器均收到那些LSA为止。每台路由器还会在本地数据库中存储邻居发来的LSA的副本路由器，将其链路状态信息泛洪到路由区域内的其他所有链路状态路由器，此过程在整个路由区域内的所有路由器上形成LSA的泛洪效应。

（5）构建链路状态数据库。每台路由器使用链路状态数据库，来构建一个完整拓扑图，计算通向每个目的网络的最佳路径。就像拥有全网的地图一样，路由器拥有网络拓扑中所有目的地，以及通向各个目的路由详图。SPF算法用于构建全网的网络拓扑图，并确定通向每个网络的最佳路径。所有路由器将拥有共同网络拓扑图或拓扑树，但是每一台路由器独立确定到达拓扑内每一个网络的最佳路径。

在使用链路状态泛洪过程中，将自身链路状态公告传播出去后，每台路由器都将拥有来自整个路由区域内的所有路由器链路状态数据信息，使用SPF算法来构建SPF树。这些链路状态数据信息存储在链路状态数据库中。有了完整的链路状态数据库，即可使用该数据库和最短路径优先（SPF）算法，计算通向每个网络的最佳（即最短）路径。

图9-2所示为一个由RTA、RTB、RTC、RTD这4台路由器组成的网络。路由器经过链路连接在一起，链路旁边的数字表示链路开销值。如RTC到RTD之间的链路开销值为3。每台路由器都根据自己周围的网络拓扑结构生成一条LSA（链路状态通告），并通过相互之间发送协议报文将这条LSA发送给网络中其他的所有路由器。这样每台路由器都收到了其他路由器的LSA，所有的LSA放在一起形成LSDB（Link State Database，链路状态数据库）。显然，4台路由器的LSDB都是相同的，如图9-3所示。

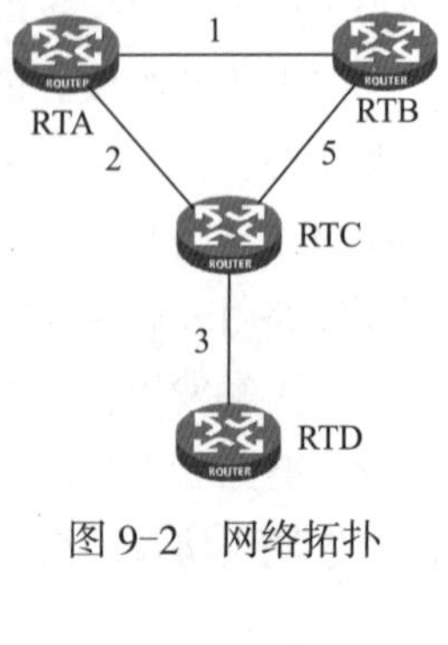

图 9-2　网络拓扑

由于一条LSA是对一台路由器周围网络拓扑结构的描述，因此LSDB则是对整个网络的拓扑结构的描述。路由器很容易将LSDB转换成一张带权的有向图，这张图便是对整个网络拓扑结构的真实反映，显然4台路由器得到的是一张完全相同的图，如图9-4所示。

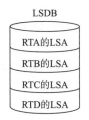

图 9-3　路由器链路状态数据库

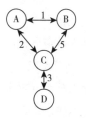

图 9-4　带权有向图

接下来每台路由器在图中以自己为根节点，使用相应的算法计算出一棵最小生成树，由这棵树得到了到网络中各个节点的路由表。显然，4台路由器各自得到的路由表是不同的。这样每台路由器都计算出了到其他路由器的路由，如图9-5所示。

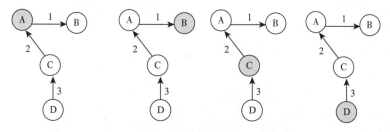

图 9-5　每台路由器分别以自己为根节点计算最小生成树

链路状态路由协议通过交换包含了链路状态信息的LSA而得到网络拓扑，再根据网络拓扑计算路由。这种路由的计算方法对路由器的硬件要求相对较高。由于路由信息不是在路由器间逐跳传播，而是根据LSDB计算出来，所以从算法上可以保证没有路由环路。当网络中发生拓扑变化时，路由器发送与拓扑变化相关的LSA，其他路由器收到LSA后，更新自己的LSDB再重新计算路由，这样就避免了类似距离矢量路由协议在邻居间传播全部路由表的行为，所以占用链路带宽较小。

由于链路状态路由协议无环路、占用带宽小，且还有支持分层网络等优点，所以得到了广泛的应用。

小　结

❖ 动态路由协议的优点和缺点。

❖ 路由协议的分类。

❖ 路由协议的性能指标。

❖ 可变长度子网掩码（VLSM）。

❖ 距离矢量路由协议的工作原理。

❖ 链路状态路由协议的工作原理。

习　题

选择题

1.（　　　）协议是可路由协议。

　　A. RIP　　　　　　　　　B. OSPF　　　　　　　　C. IP　　　　　　　　　D. IPX

2. 动态路由协议的工作过程包括（　　　）阶段。

　　A. 邻居发现　　　　　　B. 路由交换　　　　　　C. 路由计算　　　　　　D. 路由维护

3. 分别属于 IGP 和 EGP 的协议是（　　　）。

　　A. RIP，OSPF　　　　　B. OSPF，BGP　　　　　C. RIP，BGP　　　　　　D. OSPF，IS-IS

4. 相比于距离矢量路由协议，链路状态路由协议的优点有（　　　）。

　　A. 协议算法本身无环路　　　　　　　　B. 协议交互占用带宽小

　　C. 收敛速度快　　　　　　　　　　　　D. 配置维护简单

5. 距离矢量路由协议基于贝尔曼 - 福特算法，这种算法所关心的要素有（　　　）。

　　A. 到目的网段的距离　　　　　　　　　B. 到目的网段的方向

　　C. 到目的网段的链路带宽开销　　　　　D. 到目的网段的链路延迟

第10章
RIP 路由协议

本章首先讲述RIP路由协议基本的原理及工作过程，RIP路由表的更新，路由环路的产生，路由环路的解决方法，然后简单介绍RIPv1和RIPv2的区别及RIPv2的改进，最后通过实例讲述RIPv1和RIPv2的基本配置等方面的知识。

学习目标
> 了解RIP路由协议的特点。
> 掌握RIP路由信息的生成和维护。
> 掌握避免路由环路的方法。
> 掌握RIP协议的基本配置。

10.1 RIP 路由协议原理

10.1.1 RIP 路由协议概述

RIP是一种较为简单的内部网关协议，主要用于规模较小的网络中，如校园网及结构较简单的地区性网络。由于RIP的实现较为简单，在配置和维护管理方面也远比OSPF和IS-IS容易，因此在实际组网中有广泛的应用。

RIP是一种基于距离矢量算法的路由协议，RIP使用跳数（Hop Count）来衡量到达目的网络的距离。在RIP中，路由器到与它直接相连网络的跳数为0，通过其直接相连的路由器到达下一个紧邻的网络的跳数为1，其余依此类推，每多经过一个网络，跳数加1。为限制收敛时间，RIP规定度量值取0~15之间的整数，大于或等于16的跳数被定义为无穷大，即目的网络或主机不可达。由于这个限制，使得RIP不适合应用于大型网络。

RIP包括两个版本：RIPv1和RIPv2。RIPv1是有类别路由协议，协议报文中不携带掩码信息，不支持VLSM（Variable Length Subnet Mask，可变长子网掩码），RIPv1只支持以广播方式发布协议报文。

RIPv2支持VLSM，同时RIPv2支持明文认证和MD5密文认证。为防止产生路由环路，RIP支持水平分割（Split Horizon）与毒性逆转（Poison Reverse），并在网络拓扑变化时采用触发更新（Triggered Update）来加快网络收敛时间。另外，RIP协议还允许引入其他路由协议所得到的路由。

RIP协议处于UDP协议的上层，通过UDP报文进行路由信息的交换，使用的端口号为520。

10.1.2　RIP 协议的工作过程

1.RIP路由表初始化

在未启动RIP的初始状态下，路由表中仅包含本路由器的一些直连路由，RIP启动后为了尽快从邻居获得RIP路由信息，RIP协议使用广播方式向各接口发送请求报文（Request Message），其目的是向RIP邻居请求路由信息。

在图10-1中，RTA启动RIP协议后，RIP进程负责发送请求报文，请求RIP邻居对其回应，RTB收到请求报文后，以响应报文回应，报文中携带了RTB路由表的全部信息。

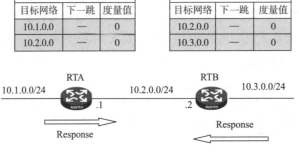

图 10-1　RIP 路由表的初始化

2.RIP路由表更新

路由器收到响应报文后，查看响应报文中的路由，并更新本地路由表。路由表的更新原则如下：

（1）对本路由表中已有的路由项，当发送响应报文的RIP邻居相同时，不论响应报文中携带的路由项度量值增大还是减少，都更新该路由项（度量值相同时只将其老化定时器清零）。

（2）对本路由表中已有的路由项，当发送响应报文的RIP邻居不同时，只在路由项度量值减少时，更新该路由项。

（3）对本路由表中不存在的路由项，在度量值小于协议规定最大值（16）时，在路由表中增加该路由项。

RIP响应报文中，路由表项携带有度量值，其值为路由表中的路由度量值加上发送附加度量值。

附加度量值是附加在RIP路由上的输入/输出度量值，包括发送附加度量值和接收附加度量值。发送附加度量值不会改变路由表中的路由度量值，仅当接口发送RIP路由信息时才会添加到发送路由上，其默认值为1。接收附加度量值会影响接收到的路由度量值，接口接收到一条RIP路由时，在将其加入路由表前会把度量值附加到该路由上，其默认值为0。

根据以上规则，在图10-2中，RTB向RTA发送响应报文时，包含了路由项10.2.0.0和10.3.0.0，并计算出度量值为1（原度量值0加上发送附加度是值1）。RTA从RTB（10.2.0.2）接收到响应报文后，将响应报文中携带的路由项与本路由表中路由项比较，发现路由项10.3.0.0是本路由表没有的，就把它增加到路由表中，添加时需要计算度量值，计算结果为1（原度量值1加上接收附加度量值0），并设置下一跳为RTB（10.2.0.2）。

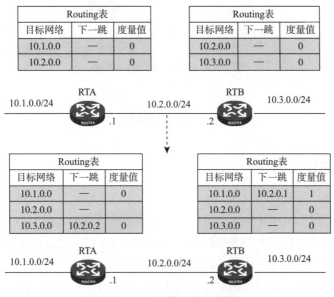

图 10-2　RIP 路由表的更新

对于RTB响应报文中所携带的路由项10.2.0.0，因RTA路由表中路由项10.2.0.0是直连路由，其优先级高于RIP协议路由，所以RTA并不对其进行路由更新。

3.RIP路由表的维护

RIP路由信息维护是由定时器来完成的。RIP协议定义了以下三个重要的定时器：

（1）Update定时器：定义了发送路由更新的时间间隔。默认值为30 s。

（2）Timeout定时器：定义了路由老化时间。如果在老化时间内没有收到关于某条路由的更新报文，则该条路由的度量值将会被设置为无穷大（16），并从IP路由表中撤销。定时器默认值为180 s。

（3）Garbage-Collect定时器：定义了一条路由从度量值变为16开始，直到它从路由表里被删除所经过的时间，如果 Garbage-Collect超时，该路由仍没有得到更新，则该路由将被彻底删除，默认值为120 s。

在图10-3中，路由器以30 s为周期用Response报文广播自己的路由表。如果路由器RTA经过180 s没有收到来自RTB的路由更新信息，则将路由表中的路由项10.3.0.0的度量值设为无穷大（16），并从IP路由表中撤销；若在其后120 s内仍未收到路由更新信息，就将路由10.3.0.0彻底删除。

注意：路由器对RIP协议维护一个单独的路由表，也称RIP路由表。这个表中的有效路由会被添加到IP路由表中，作为转发的依据。从IP路由表中撤销的路由，可能仍然存在于RIP路由表中。

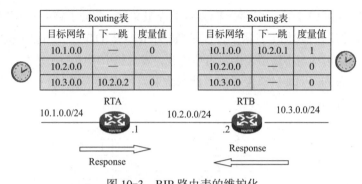

图 10-3　RIP 路由表的维护化

10.2　RIP 路由环路

10.2.1　RIP 路由环路简介

1.路由环路的概念

路由环路是路由器在学习RIP路由过程中的一种路由故障现象。路由器在维护路由表的时候，如果由于某种原因，造成了网络拓扑发生改变。网络拓扑改变后，网络就开始重新收敛，由于网络收敛缓慢产生不协调或矛盾的路由选择条目，就会产生路由环路的问题。

网络产生了路由环路后，路由器将对无法到达的网络路由不予理睬，导致用户的数据包不停在网络上循环发送，最终造成网络资源的严重浪费。

2.RIP路由路由环路产生

RIP路由协议中，每个路由器实际上都不了解整个网络拓扑，它们只知道与自己直接相连的网络情况，并信任邻居发送给自己的路由信息，把从邻居得到的路由信息进行矢量叠加后转发给其他邻居。由此，距离矢量路由协议学习到的路由是"传闻"路由，也就是说，路由表中的路由项是从邻居得来的，并不是自己计算出来的。

由于上述原因，在网络发生故障时可能会引起路由表信息与实际网络拓扑结构不一致，而发生路由环路现象。下面举例说明距离矢量路由协议如何产生路由环路。

如图10-4所示，在网络10.4.0.0发生故障之前，所有的路由器都具有正确一致的路由表，网络是收敛的。为简单起见，图中的路由度量值使用跳数来计算。RTC与网络10.4.0.0直连，所以RTC路由表中表项10.4.0.0的跳数是0；RTB通过RTC学习到路由项10.4.0.0，其跳数为1，接口为S1/0。RTA通过RTB学习到路由项10.4.0.0，所以跳数为2。

如图10-5所示，当网络10.4.0.0发生故障时，直连路由器RTC最先收到故障信息，RTC把网络10.4.0.0从路由表中删除，并等待更新周期到来后发送路由更新给相邻路由器。

根据距离矢量路由协议的工作原理，所有路由器都要周期性发送路由更新信息，所以，在RTB的路由更新周期到来后，RTB发送路由更新，更新中包含了自己的所有路由。

Routing表			Routing表			Routing表		
目标网络	接口	度量值	目标网络	接口	度量值	目标网络	接口	度量值
10.1.0.0	E1/0	0	10.1.0.0	S1/0	1	10.1.0.0	S1/0	2
10.2.0.0	S0/0	0	10.2.0.0	S0/0	0	10.2.0.0	S0/0	1
10.3.0.0	S0/0	1	10.3.0.0	S1/0	0	10.3.0.0	S0/0	0
10.4.0.0	S0/0	2	10.4.0.0	S1/0	1	10.4.0.0	E1/0	0

图 10-4　RIP 路由环路产生过程 1

Routing表			Routing表			Routing表		
目标网络	接口	度量值	目标网络	接口	度量值	目标网络	接口	度量值
10.1.0.0	E1/0	0	10.1.0.0	S0/0	1	10.1.0.0	S0/0	2
10.2.0.0	S0/0	0	10.2.0.0	S0/0	0	10.2.0.0	S0/0	1
10.3.0.0	S0/0	1	10.3.0.0	S1/0	0	10.3.0.0	S0/0	0
10.4.0.0	S0/0	2	10.4.0.0	S1/0	1			

图 10-5　RIP 路由环路产生过程 2

RTC接收到RTB发出的路由更新后，发现路由更新中有路由项10.4.0.0，而自己的路由表中没有10.4.0.0，就把这条路由项增加到路由表中，并修改其接口为S0/0（因为是从S0/0收到更新消息），跳数为2，这样，RTC的路由表中就记录了一条错误路由（经过RTB，可去往网络10.4.0.0，跳数为2），如图10-6所示。

Routing表			Routing表			Routing表		
目标网络	接口	度量值	目标网络	接口	度量值	目标网络	接口	度量值
10.1.0.0	E1/0	0	10.1.0.0	S0/0	1	10.1.0.0	S0/0	2
10.2.0.0	S0/0	0	10.2.0.0	S0/0	0	10.2.0.0	S0/0	1
10.3.0.0	S0/0	1	10.3.0.0	S1/0	0	10.3.0.0	S0/0	0
10.4.0.0	S0/0	2	10.4.0.0	S1/0	1	10.4.0.0	S1/0	2

环路

RTA　　　　RTB　　　　RTC
10.1.0.0/24　　10.2.0.0/24　　10.3.0.0/24　　10.4.0.0/24
E1/0　S0/0　S0/0　S0/0　S1/0　E1/0

图 10-6　RIP 路由环路产生过程 3

这样，RTB认为可以通过RTC去往网络10.4.0.0，RTC认为可以通过RTB去往网络10.4.0.0，这样就形成了环路。

10.2.2　RIP 路由环路避免

由于RIP是典型的距离矢量路由协议，具有距离矢量路由协议的所有特点，所以，当网络发生故障时,有可能会发生路由环路现象。RIP设计了一些机制来避免网络中路由环路的产生。这些机制包括路由毒化、水平分割、毒性连转、定义最大度量值、抑制时间和触发更新。

在以上机制中,路由毒化、水平分割、毒性逆转能够使RIP协议在单路径网络中避免路由环路,而其余几种主要是针对多路径网络中环路避免而设计的,但在实际网络应用中,以上几种环路避免机制经常被同时应用,以更好地避免环路。

1.路由毒化

路由毒化(Route Poisoning)就是路由器主动把路由表中发生故障的路由项以度量值无穷大(16)的形式通告给RIP邻居,以使邻居能够及时得知网络发生故障。

在图10-7所示的网络中,当RTC的直连网络10.4.0.0发生故障时,RTC在路由更新信息里把路由项10.4.0.0的度量值置为无穷大(16),通告给RTB。RTB接收路由更新信息后,更新自己的路由表,路由项10.4.0.0的度量值也置为无穷大(16)。如此将网络10.4.0.0不可达的信息向全网扩散。

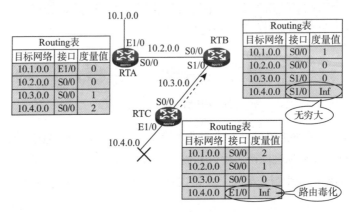

图 10-7　RIP 路由毒化过程

通过路由毒化机制,RIP协议能够保证与故障网络直连的路由器有正确的路由信息。

2.水平分割

分析距离矢量路由协议中产生路由环路的原因,最重要的就是因为路由器将从某个邻居学到的路由信息又告诉了这个邻居。

水平分割是在距离矢量路由协议中最常用的避免环路发生的解决方案之一。水平分割的思想就是RIP路由器从某个接口学到的路由,不会再从该接口发回给邻居路由器。

在图10-8所示的网络中,RTC把它的直连路由10.4.0.0通告给RTB,也就是RTB从RTC那里学习到了路由项10.4.0.0,接口为S1/0。在接口上应用水平分割后,RTB在接口S1/0上发送路由更新时,就不能包含路由项10.4.0.0。

当网络10.4.0.0发生故障时,假如RTC并没有发送路由更新给RTB,而是RTB发送路由更新给RTC,此时由于启用了水平分割,RTB所发送的路由更新中不会包含路由项10.4.0.0。这样,也不会使RTC错误地从RTB学习到关于10.4.0.0的路由项,从而避免了路由环路的产生。

注意:为了阻止环路,在RIP协议中水平分割默认是被开启的。

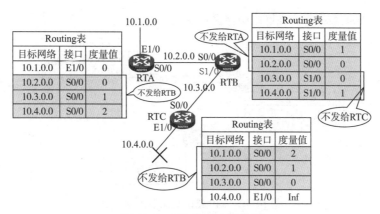

图 10-8　RIP 路由水平分割

3.毒性逆转

毒性逆转是另一种避免环路的方法。毒性逆转是指 RIP 从某个接口学到路由后，将该路由的度量值设置为无穷大（16），并从原接口发回邻居路由器。

在图 10-9 所示的网络中，应用毒性逆转后，RTB 在发送路由更新给 RTC 时，更新中包含路由10.4.0.0，度量值为 16。相当于显式地告诉 RTC，不可能从 RTB 到达网络 10.4.0.0。

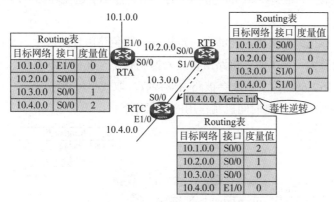

图 10-9　RIP 路由毒性逆转

毒性逆转与水平分割有相似的应用场合和功能，但与水平分割相比，毒性逆转更加健壮和安全，因为毒性逆转是主动把网络不可达信息通知给其他路由器。毒性逆转的缺点是路由更新中路由项数量增多，浪费网络带宽与系统开销。

4.定义最大度量值

在多路径网络环境中，如果产生路由环路，则会使路由器中路由项的跳数不断增大，网络无法收敛，通过给每种距离矢量路由协议度量值定义一个最大值，能够解决上述问题。

在 RIP 路由协议中，规定度量值是跳数，所能达到的最大值为 16。其实，在前面的例子中，已经使用跳数 16 来表示度量值的最大值了。

在图 10-10 所示的网络中，环路已经产生了。RTA 向 RTB 发送路由项 10.4.0.0 的更新信息，RTB 再向 RTC 发送，RTC 再向 RTA 发送，每个路由器中路由项 10.4.0.0 的跳数不断增大，网络长时间无法收敛，去往网络10.4.0.0的数据报文在网络中被循环发送。

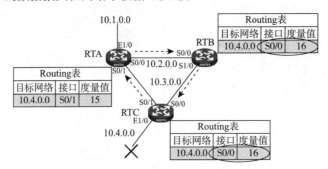

图 10-10 RIP 路由定义最大度量值

RIP定义了最大度量值后，当路由项的跳数到达最大值16时，图中网络10.4.0.0被认为是不可达的。路由器会在路由表中显示网络不可达信息，并不再更新到达网络10.4.0.0的路由。此时如果路由器收到去往网络10.4.0.0的数据包，它会将其丢弃而不再转发。

通过定义最大值，距离矢量路由协议可以解决发生环路时路由度量值无限增大的问题，同时也校正了错误的路由信息，但是，在最大度量值到达之前，路由环路还是会存在。也就是说，定义最大值只是一种补救措施，只能减少路由环路存在的时间，并不能避免环路的产生。

5.抑制时间

抑制时间与路由毒化结合使用，能够在一定程度上避免路由环路产生。抑制时间规定，当一条路由的度量值变为无穷大（16）时，该路由将进入抑制状态，在抑制状态下，只有来自同一邻居且度量值小于无穷大（16）的路由更新才会被路由器接收，取代不可达路由。

在图10-11所示网络中，抑制时间机制作用的过程如下：

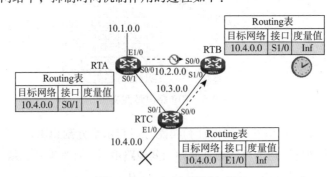

图 10-11 RIP 路由抑制时间

（1）当网络10.4.0.0发生故障时，RTC毒化自己路由表中的路由项10.4.0.0，使其度量值为无穷大（16），以表明网络10.4.0.0不可达。同时给路由项10.4.0.0设定抑制时间。在更新周期到来后，发送路由更新给RTB。

（2）RTB收到RTC发出的路由更新信息后，更新自己的路由项10.4.0.0，同时启动抑制时间，在抑制时间结束之前的任何时刻，如果从同一相邻路由器RTC又接收到网络10.4.0.0可达的更新信息，路由器就将路由项10.4.0.0标识为可达，并删除抑制时间。

（3）在抑制时间结束之前的任何时刻，如果接收到其他相邻路由器，如RTA的有关网络10.4.0.0的更新信息，路由器RTB会忽略此更新信息，不更新路由表。

（4）抑制时间结束后，路由器如果收到任何相邻路由器发出的有关网络10.4.0.0的更新信息，路由器都将会更新路由表。

6.触发更新

触发更新机制是指当路由表中路由信息产生改变时，路由器不必等到更新周期到来，而立即发送路由更新给相邻路由器。在图10-12所示网络中，当网络10.4.0.0产生故障后，RTC不必等待更新周期到来，而是立即发送路由更新消息以通告网络10.4.0.0不可达信息，RTA、RTB接收到这个信息后，也立即向邻居发送路由更新消息，这样网络10.4.0.0不可达信息会很快传播到整个网络。

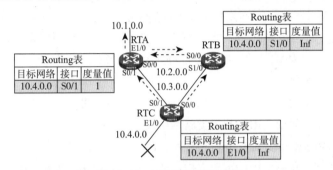

图 10-12　RIP 路由触发更新

由以上工作机制可以看出，触发更新机制能够使网络不可达信息快速地传播到整个网络，从而极大地加快了网络收敛速度。使用触发更新方法能够在一定程度上避免路由环路发生，但是，仍然存在如下两个问题：

（1）触发更新信息在传输过程中可能会被丢掉或损坏。

（2）如果触发更新信息还没有来得及发送，路由器就接收到相邻路由器的周期性路由更新信息，则使路由器更新了错误的路由信息。抑制时间和触发更新相结合，就可以解决上述问题。在抑制时间内，路由器不理会从其他路由器传来的相关路由项可达信息，相当于确保路由项的不可达信息不被错误的可达信息所取代。

10.2.3　RIPv1 和 RIPv2

在TCP/IP协议发展的历史上，第一个在网络使用的动态路由协议就是RIP，即RIPv1是第一个动态路由协议。随着时间推移，路由器更加强大，CPU更快，内存更大，传输链路也越来越快，又相继开发了更高级路由算法和路由协议，如OSPF、开放式最短路径优先等，同时，推出了RIPv2。

1.RIPv1

RIPv1使用广播的方式（255.255.255.255）发送路由更新，而且不支持VLSM，因为它的路由更新信息中不携带子网，RIPv1没有办法传达不同网络中变长子网掩码的详细信息，因此RIPv1只能在有类网络运行。

RIPv1每30 s发送一次更新分组，分组中不包含子网掩码，不支持VLSM，默认进行边界自动路由汇总，且不可关闭，因此，该路由不能支持非连续网络，不支持身份验证使用跳数作为度量，管理距离120，每个分组中最多只能包含25条路由信息，使用广播进行路由更新。

2.RIPv2

RIPv2在RIPv1的基础上增加了一些高级功能。这些新特性使得RIPv2可以将更多的网络信息加入路由表中。RIPv1不支持VLSM，使得用户不能通过划分更小网络地址的方法，来更高效地使用有限的IP地址空间。在RIPv2中做了改进，每一条路由信息中加入了子网掩码，所以RIPv2是无类的路由协议。此外，RIPv2发送更新报文的方式为组播，组播地址为224.0.0.9（代表所有RIPv2路由器）。RIPv2还支持认证，确保路由器学到的路由信息来自于通过安全认证的路由器。

RIPv2支持VLSM技术，但默认该协议开启自动汇总功能，因此，如果需要向不同主类网络发送子网信息，需要手工关闭自动汇总功能（Undo Summary）。

RIPv2支持将路由汇总至主网络，无法将不同主类网络汇总，所以不支持CIDR。使用多播224.0.0.9进行路由更新，在MAC层就能区分是否对分组响应支持身份验证。

3.RIPv1和RIPv2的区别

下面对RIP特性做以下总结，对比RIPv1和RIPv2之间的不同之处。

（1）RIPv1是有类路由协议，RIP2是无类路由协议。

（2）RIPv1不支持VLSM，RIPv2支持VLSM。

（3）RIPv1没有认证的功能，RIP2可以支持认证，有明文和MD5两种认证方式。

（4）RIPv1没有手工汇总功能，RIPv2在关闭自动汇总前提下手工汇总。

（5）RIPv1是广播（255.255.255.255）更新，RIPv2是组播（224.0.0.9）更新。

（6）RIPv1对路由没有标记的功能，RIPv2可以对路由打标记，用于过滤和做策略。

（7）RIPv1发送更新最多能携带25条路由，RIPv2在有认证情况下最多能携带24条路由。

（8）RIPv1发送更新里没有next-hop属性，RIPv2有next-hop属性，可以用于路由更新的重定向。

10.3 RIP 协议配置实例

10.3.1 RIP 基本配置

通常，在路由器上启用RIP协议时，首先需要对RIP进行一个基本的配置。进行RIP基本配置的步骤如下：

（1）在系统视图下用rip命令启动RIP进程并进入RIP视图。配置命令如下：

rip [processed]

其中，process-id为进程ID。通常不必指定，系统自动选用RIP进程1作为当前RIP的进程。

（2）在RIP视图下用network命令指定哪些网段接口使能RIP。配置命令如下：

network network-address

其中，network-address为指定网段的地址，其取值可以为各个接口的IP网络地址。

network 0.0.0.0命令用来在所有接口上使能RIP。

network命令实际上有两层含义：一方面用来指定本机上哪些直连路由被RIP进程加入到RIP路由

表中；另一方面用来指定哪些接口能够收发RIP协议报文。

　　配置network命令后，RIP进程会将指定网段所包含的直连路由添加到RIP路由表中，RIP路由表以路由更新的方式从接口向外广播；RIP进程会在指定网段所包含的接口上接收和发送RIP路由更新。对于不在指定网段上的接口，RIP既不在它上面接收和发送路由，也不将它的接口直连路由转发出去。

　　在图10-13所示网络中，路由器RTA有3个接口。启用RIP协议并用network命令指定后，接口E1/0和S0/0所连接的直连路由10.0.0.0和12.0.0.0被加入到RIP路由表中；同时，接口E1/0和S0/0能够收发RIP协议报文。路由器从接口S0/0收到RIP路由13.0.0.0，把它加到RIP路由表中；在路由更新周期到来后，从接口E1/0上发送出去。而由于接口S0/1的IP地址不在network命令所指定范围内，所以它虽然接收到了路由14.0.0.0，但是不会加入到RIP路由表中，也不会从其他接口发送出去。

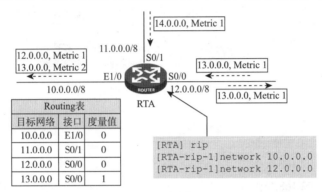

图 10-13　network 命令的含义

10.3.2　RIPv2 相关配置

　　RIPv1不支持不连续子网和认证等机制，所以在网络中使用RIPv2是比较理想的选择。在RIP视图下使用version命令来指定RIP的全局版本：

version { 1 | 2 }

　　使用上述命令指定RIP版本为1后，路由器的所有接口都以广播形式发送RIP协议报文。

　　另外，也可以在接口视图下指定接口所运行RIP的版本和形式：

rip version{ 1 | 2 [broadcast | multicast] }

　　RIPv1和RIPv2都支持路由自动聚合功能。路由聚合是指将同一自然网段内的不同子网的路由聚合成一条自然掩码的路由然后发送，目的是减少网络上的流量。在RIPv1中，自动聚合功能默认是打开的，且不能关闭；RIPv2支持关闭自动聚合。当需要将所有子网路由广播出去时，可以在RIP视图下关闭RIPv2的自动路由聚合功能。

undo summary

　　RIPv2支持两种认证方式：明文认证和MD5密文认证。明文认证不能提供安全保障，未加密的认证字随报文一同传送，所以明文认证不能用于安全性要求较高的情况。在接口视图下可以启用认证并指定认证类型：

rip authentication-mode{ **md**5 { **rfc**2082 *key-string key-id* | **rfc**2453 *key-string*} | **simple** *password*}

关键字含义如下：

（1）md5：MD5密文认证方式。

（2）rfc2082：指定MD5认证报文使用RFC 2082标准的报文格式。

（3）rfc2453：指定MD5认证报文使用RFC 2453标准的报文格式（IETF标准）。

（4）simple：明文认证方式。

视频

RIPv1基本配置实例

10.3.3 RIPv1 基本配置实例

图10-14所示为RIP的基本配置实例。图中所有的网络使用自然掩码，没有子网划分，所以可以使用RIPv1。在两台路由器所有的接口上使能RIP。

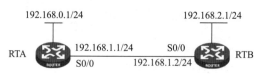

图 10-14　RIP 基本配置实例

配置RTA过程如下：

[RTA] rip

[RTA-rip] network 192.168.0. 0

[RTA-rip] network 192.168.1. 0

配置RTB过程如下：

[RTB] rip

[RTB-rip] network 192.168.1. 0

[RTB-rip] network 192.168.2. 0

配置完成后，在RTA上查看IP路由表。

[RTA] display ip routing-table

Routing Tables：Public

Destinations：8　　　　Routes：8

Destination/Mask	Proto	Pre	Cost	NextHop	Interface
127.0.0.0/8	Direct	0	0	127.0.0.1	InLoop0
127.0.0.1/32	Direct	0	0	127.0.0.1	InLoop0
192.168.0.0/24	Direct	0	0	192.168.0.1	GE0/0
192.168.0.1/32	Direct	0	0	127.0.0.1	InLoop0
192.168.1.0/24	Direct	0	0	192.168.1.1	S6/0
192.168.1.1/32	Direct	0	0	127.0.0.1	InLoop0
192.168.1.2/32	Direct	0	0	192.168.1.2	S6/0
192.168.2.0/24	Direct	0	0	192.168.1.2	S6/0

可以看到，RTA通过RIP协议学习到了路由192.168.2.0/24。下一跳为192.168.1.2，说明是经过RTB学习到的；代价是1，说明到192.168.2.0/24需要经过1跳。

10.3.4　RIPv2 基本配置实例

RIPv2能够支持在协议报文中携带掩码，并支持认证。由于图10-15中使用了子网划分，且子网掩码也不连续，所以需要在两台路由器间运行RIPv2。

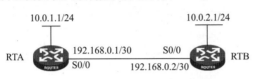

图 10-15　RIPv2 配置实例

配置RTA过程如下：

[RTA] rip

[RTA-rip] network 10.0.0.0

[RTA-rip] network 192.168.0. 0

[RTA-rip] version 2

[RTA-rip] undo summary

[RTA-Serial 0/0]rip authentication-mode md5 rfc2453 H3C

配置RTB过程如下：

[RTB] rip

[RTB-rip] network 10.0.0. 0

[RTB-rip] network 192.168.0. 0

[RTB-rip] version 2

[RTB-rip] undo summary

[RTB-Serial 0/0] rip authentication-mode md5 rfc2453 H3C

配置完成后，在RTA上查看IP路由表。

[RTA] display ip routing-table

Routing Tables：Public

Destinations：8　　　　Routes：8

Destination/Mask	Proto	Pre	Cost	NextHop	Interface
10.0.1.0/24	Direct	0	0	10.0.1.1	GE0/0
10.0.1.1/32	Direct	0	0	127.0.0.1	InLoop0
10.0.2.0/24	RIP	10	0	192.168.0.2	S6/0
127.0.0.0/8	Direct	0	0	127.0.0.1	InLoop0
127.0.0.1/32	Direct	0	0	127.0.0.1	InLoop0
192.168.0.0/3	Direct	0	0	192.168.0.1	S6/0
192.168.0.1/32	Direct	0	0	127.0.0.1	InLoop0
192.168.0.2/32	Direct	0	0	192.168.0.2	InLoop0

可以看到，RTA通过RIP协议学习到了路由10.0.2.0/24。

10.3.5 RIP 运行状态及配置信息查看

在任意视图下可以使用display rip命令来查看RIP当前运行状态及配置信息：

\<Router>display rip

Public VPN-instance name：

RIP process：

RIP version：1

Preference：100

Checkzero：Enabled

Default-cost：1

Summary：Enabled

Hostroutes：Enabled

Maximum number of balanced paths：3

Update time: 30 sec(s) Timeout time：180 sec(s)

Suppress time：120 sec(s) Garbage-collect time：120 sec(s)

Silent interfaces：None

Default routes：Disabled

Verify-source：Enabled

Networks：

192.168.1.0   192.168.0.0

Configured peers：None

Triggered updates sent：2

Number of routes changes：1

Number of replies to queries：1

由以上命令输出可得知，当前RIP的运行版本是RIPv1；自动聚合功能是开启的；使能RIP的网段为192.168.1.0和192.168.0.0。另外，常用的RIP信息及含义如表10-1所示。

表 10-1 常用的 RIP 信息及含义

字 段	描 述
RIP process	RIP 进程号
Preference	RIP 路由优先级
Update time	Update 定时器的值，单位为秒
Timeout time	Timeout 定时器的值，单位为秒
Garbage-collect	timeGarbage-collect
Silent interfaces	抑制接口数（这些接口不发送周期更新报文）
Defaullt routes	是否向 RIP 邻居发布一条默认路由，Enable 表示发布，Disabled 表示不发布
Triggered updates sent	发送的触发更新报文数

小　结

✧ RIP协议是一种距离矢量路由协议。
✧ RIP使用水平分割、路由毒化等机制来避免路由环路。
✧ RIPv2能够支持VLSM。
✧ RIP的配置和显示。

习　题

选择题

1. RIP 用于承载的协议及其端口号是（　　　）。

　A. TCP，179　　　　　　B. UDP，179　　　　　C. TCP，520　　　　　D. UDP，520

2. RIP 协议的 Update 定时器的默认时间是（　　　）s。

　A. 30　　　　　　　　　B. 120　　　　　　　　C. 180　　　　　　　　D. 240

3. （　　　）特性是 RIPv2 中具有，但 RIPv1 中没有的。

　A. 组播方式发送协议报文　　　　　　　B. 认证

　C. 水平分割机制　　　　　　　　　　　D. 支持 VLSM

4. 以下（　　　）是 RIP 协议防止路由环路的机制。

　A. 水平分割　　　　　B. 毒性逆转　　　　　C. 抑制时间　　　　　D. 触发更新

5. 在路由器上指定相关接口使能 RIP 协议的命令为（　　　）

　A. [RT1]network 192.168.0.0　　　　　　B. [RT1]network192.168.0.0 0.0.255.255

　C. [RT1-rip] network 192.168.0.0　　　　D. [RT1-rip]network 192.168.0.0 0.0.255.255

第 11 章
OSPF 路由协议

本章首先讲述网络冗余的必要性及带来的问题，然后重点讲述STP的工作原理，包括桥协议数据单元分类及组成、根桥选举、端口角色确定、端口状态等，并简单讲述RSTP和MSTP的原理，最后通过实例讲述生成树基本配置等方面的知识。

学习目标

➢了解OSPF动态路由原理。

➢掌握OSPF单区域动态路由的配置。

➢掌握OSPF多区域动态路由的配置。

➢掌握生成树的配置方法。

11.1 OSPF 概述

动态路由RIP协议只适用小型网络，并且有时不能准确选择最优路径，收敛的时间也较长。对于小规模、缺乏专业人员维护的网络来说，RIP路由是首选路由协议。但随着网络范围的扩大，RIP路由协议在网络的路由学习上就显得力不从心，这时就需要OSPF动态路由协议来解决。

OSPF（Open Shortest Path First，开放最短路由优先协议）是IETF组织开发的基于链路状态、自治系统内部的动态路由协议。在IP网络中，它通过收集和传递自治系统的链路状态，动态发现并传播路由。

OSPF路由协议适合更广阔范围网络的路由学习，支持CIDR（Classless Inter-Domain Routing，无类别域间路由）及来自外部路由信息选择，同时提供路由更新验证，利用IP组播发送、接收更新资料。此外，OSPF协议还支持各种规模的网络，具备快速收敛及支持安全验证和区域划分等特点。

11.1.1 OSPF 路由协议的定义

动态路由协议按照工作的区域和范围，分为外部网关协议（EGP）和内部网关协议（IGP）。

RIP路由协议和OSPF路由协议是内部网关协议。OSPF路由协议采用链路状态技术，在路由器之间互相发送直接相连的链路状态信息，以及它所拥有的到其他路由器的链路信息。通过这些学习到的链路信息构成一个完整的链路状态数据库，并从这个链路状态数据库里构造出最短路径树，并依此计算出路由表。

OSPF路由协议是一种典型链路状态（Link-state）路由协议，主要维护工作在同一个路由域内网络的连通。这里路由域是指一个自治系统，即一组使用统一的路由政策或路由协议，互相交换路由信息的网络系统。在自治系统中，所有OSPF路由器都维护一个具有相同网络结构的自治系统结构数据库，该数据库中存放路由域中相应链路状态信息，如图11-1所示。

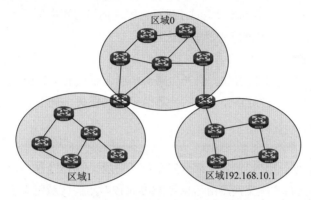

图 11-1　具有独立自治系统的网络环境

每台OSPF路由器维护相同自治系统拓扑结构数据库，OSPF路由器通过这个数据库计算出其OSPF路由表。当网络拓扑发生变化时，OSPF能迅速重新计算出路径，只产生少量路由协议流量。作为一种经典的链路状态的路由协议，OSPF将链路状态广播数据包传送给指定区域内的所有路由器。这一点与距离矢量路由协议不同，运行距离矢量路由协议的路由器是将部分或全部的路由表传递给相邻的路由器。

OSPF动态路由协议不再采用跳数的概念，而是根据网络中接口的吞吐率、拥塞状况、往返时间、可靠性等实际链路的负载能力来决定路由选择的代价，同时，选择最短、最优路由作为数据包传输路径，并允许保持到达同一目标地址的多条路由存在，从而平衡网络负载。此外，OSPF路由协议还支持不同服务类型不同代价，从而实现不同的路由服务。OSPF路由器不再交换路由表，而是同步各路由器对网络状态认识。

11.1.2　OSPF 路由协议的特点

OSPF路由协议是一种链路状态路由协议。为了更好地说明OSPF路由协议基本特征，下面将OSPF路由协议与距离矢量路由协议RIP进行比较。

1.网络管理距离不同

在RIP路由协议中，路由的管理距离是120，而OSPF路由协议具有更高的优先级和可信度，其管理距离为110。

2.网络范围不同

在RIP路由协议中，表示目的网络远近参数为跳，该参数最大为15；在OSPF路由协议中，路由表中表示目的网络参数为路径开销，该参数与网络中链路带宽相关，也就是说，OSPF路由不受物理跳数限制，因此OSPF适合于支持几百台路由器的大型网络。

3.路由收敛速度不同

网络中路由收敛快慢是衡量网络路由协议的一个关键指标。

RIP路由协议周期性地将整个网络的路由表信息广播至邻居的网络中（该广播周期为30 s），不仅占用较多网络带宽，且收敛速度过慢，影响网络的更新速度。

OSFP链路状态路由协议只在网络稳定时才进行，因此网络中路由更新也会减少，并且其更新也不是周期性的，因此OSPF在大型网络中能够较快收敛。

4.OSPF构建无环网络

RIP路由协议采用距离矢量DV算法，会产生路由环路，而且很难清除。OSPF采用最短路径优先SPF算法，避免了环路产生。最短路径优先的计算结果是一棵树，从根节点到叶子节点是单向不可回复路径，构建无环网络路径。

5.安全认证

RIPv1不支持安全认证，RIPv2增加了部分安全认证功能，而OSPF路由协议支持路由验证，只有通过路由验证的路由器之间才能交换路由信息，OSPF可以对不同区域定义不同验证方式，提高网络安全性。

6.路由协议负载分担

RIPv1协议在传播路由信息时不具有负载分担功能。而OSPF路由协议支持路由负载分担的功能，支持多条花费相同链路上负载分担，即如果到同一个目的地址有多条路径，而且花费相等，那么可以将这多条路径显示在路由表中。

7.以组播地址发送报文

RIP使用广播报文传播路由发送给网络上所有设备，这种周期性广播形式发送会产生一定干扰，同时一定程度上也占用了宝贵的带宽资源。

随着技术发展，出现了以组播地址来发送协议报文的形式。OSPF使用224.0.0.5组播地址来发送，只有运行OSPF协议的设备才会接收发送来的报文，其他设备不参与接收。

11.1.3　OSPF 路由的基本概念

下面简单介绍OSPF协议在运行过程中涉及的部分专业术语。通过对这些专业术语讲解，加强读者对OSPF协议的认识。

1.自治系统

自治系统是一组使用相同路由协议、互相之间交换路由信息的路由器总称。

2.路由器ID

路由器启用运行OSPF协议，必须具有标识身份信息的路由器ID（Router ID）。Router ID是一个32比特数，在一个自治系统中能唯一标识一台路由器。通常，OSPF协议将最高IP地址作为路由器

ID。如果在路由器使用Loopback环回接口，则路由器ID就是环回接口最高地址，而不使用IP地址。

3.OSPF协议报文

OSPF协议报文信息用来保证连通的路由器之间互相传播各种消息，实现路由通信过程的控制。OSPF协议主要有5种类型协议报文：

（1）Hello报文：周期性发送，发现和维持OSPF邻居关系，内容包括定时器数值、DR（Designated Router，主路由器）、BDR（Backup Designated Router，备份路由器）及已知邻居。

（2）DD（Database Description，数据库描述）报文：描述本地LSDB中每一条LSA摘要信息，用于两台路由器数据库同步通信。

（3）LSR（Link State Request，链路状态请求）报文：向对方请求所需LSA。两台路由器之间互相交换DD报文后，了解对端路由器有哪些LSA是本地LSDB缺少的，需要发送LSR报文，向对方请求所需LSA报文。

（4）LSU（Link State Update，链路状态更新）报文：向对方发送其所需要的LSA报文。

（5）LSAck（Link State Acknowledgment，链路状态确认）报文：对收到的LSA报文信息进行确认，内容为需要确认LSA的 Header，一个LSAck报文可对多个LSA进行确认。

4.链路状态类型

链路状态又称链路状态协议数据单元（Link State Protocol Data Unit，LSPDU），LSPDU是OSPF路由协议中对链路状态信息的描述，都封装在链路状态LSA中对外发布出去。LSA描述路由器本地链路状态，通过通告向整个OSP区域扩散。

常见LSA有以下几种类型：

（1）Router LSA（Type）：由每台路由器产生，描述本网段所有路由器链路状态和开销。

（2）Network LSA（Type2）：由DR产生，描述本网段所有路由器链路状态。

（3）Network Summary LSA（Type3）：由ABR（Area Border Router，区域边界路由器）产生，描述区域内某个网段路由，并通告给其他区域。

（4）ASBR Summary LSA（Type4）由ABR产生，描述到ASBR（Autonomous System Boundary Router，自治系统边界路由器）路由，通告给相关区域。

（5）AS External LSA（Type5）由ASBR产生，描述到AS外部路由，通告到所有区域（除Sub区域和NSSA区域）。

（6）NSSA External LSA（Type7）：由NssA（Not-so-stubby Area）区域内ASBR产生，描述到AS外部路由，仅在NSSA区域内传播。

11.2　OSPF 工作原理

11.2.1　邻居和邻接关系

在OSPF中，邻居（Neighbor）和邻接（Adjacency）是两个不同概念。

1.建立邻居关系

运行OSPF路由协议的路由器，通过OSPF接口向外发送Hello报文。收到Hello报文的OSPF路由器检查报文中的定义参数，如果双方一致，就会形成邻居关系。

一台路由器可以有很多邻居，也可以同时成为几台其他路由器的邻居。邻居状态和维护邻居路由器的一些必要的信息都被记录在一张邻居表内，为了跟踪和识别每台邻居路由器，OSPF协议定义了Router ID。

Router ID在OSPF区域内唯一标识一台路由器的IP地址，一台路由器可能有个接口启动OSPF，这些接口分别处于不同的网段，它们各自使用自己的接口IP地址作为邻居地址与网络里其他路由器建立邻居关系，但网络里的其他所有路由器只会使用Router ID来标识这台路由器。

2.建立邻接关系

形成邻居关系的双方，不一定都能形成邻接关系。这要根据网络类型而定。只有当双方成功交换DD报文，交换LSA，并达到LSDB同步后，才形成真正意义上的邻接关系。如果需要，路由器转发新的LSA给其他邻居，以保证整个区域内LSDB的完全同步。

可以将邻接关系比喻为一条点到点的虚连接，那么可以想象，在广播型网络的OSPF路由器之间的邻接关系是很复杂的。

如图11-2所示，OSPF区域内有5台路由器，它们彼此互为邻居并都建立邻接关系，那么总共会有10个邻接关系；如果是10台路由器，那么就有45个邻接关系；如果有n台路由器那么就有$n(n-1)/2$个邻接关系。邻接关系需要消耗较多的资源来维持，而且邻接路由器之间要两两交互链路状态信息，这也会造成网络资源和路由器处理能力的巨大浪费。

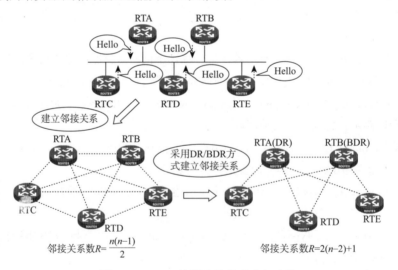

图 11-2　OSPF 协议连接关系建立过程

为了解决这个问题，OSPF要求在广播型网络里选举一台DR，DR负责用LSA描述该网络类型及该网络内的其他路由器，同时负责管理它们之间的链路状态信息交互过程。

DR选定后，该广播型网络内的所有路由器只与DR建立邻接关系，与DR互相交换链路状态信息以实现OSPE区域内路由器链路状态信息同步。值得注意的是，一台路由器可以有多个接口启动OSPF，这些接口可以分别处于不同的网段里，这就意味着，这台路由器可能是其中一个网段的指定路由器，而不是其他网段的指定路由器，或者可能同时是多个网段的指定路由器。换句话说，

DR是一个OSPF路由器接口的特性，而不是整台路由器的特性，DR是个网段的DR，而不是全网的DR。

如果DR失效，所有的邻接关系都会消失，此时必须重新选取一台新的DR，网络上的所有路由器也要重新建立新的邻接关系并重新同步全网的链路状态信息，当这种问题发生时，网络将在一个较长时间内无法有效地传送链路状态信息和数据包。为加快收敛速度，OSPF在选举DR的同时，还会再选举一个BDR，网络上所有的路由器将与DR和BDR同时形成邻接关系，如果DR失效，BDR将立即成为新的DR。采用选举DR和BDR的方法，广播型网络内的邻接关系减少为2(n-2)+1条，即5台路由器的邻接关系为7条，10台路由器为17条。

注意：邻居与邻接关系并不是一个概念。在广播型网络里，OSPF区域内的路由器可以互为邻居，但只与DR和BDR建立邻接关系。在OSPF的某些网络类型里，建立邻接关系时并不需要进行DR和BDR选举。本书未讨论全部细节，而只关注广播型网络（如以太网）邻接关系的建立。

在初始阶段，OSPF路由器会在Hello包里将DR和BDR指定为0.0.0.0，当路由器接收到邻居的Hello包后，检查Hello包携带的路由器优先级（Router Priority）、DR和BDR等字段，然后列出所有具备DR和BDR资格的路由器（优先级不为0的路由器均具备选举资格）。

路由器优先级取值范围为0~255。在具备选举资格的路由器中，优先级最高的将被宣告为BDR，优先级相同则Router ID大的优先。BDR选举成功后，进行DR选举，如果同时有多台路由器宣称自己为DR，则优先级最高的将被宣告为DR，优先级相同，则Router ID大的优先；如果网络里没有路由器宣称自己为DR，则将已有的BDR推举为DR，然后再执行一次选举过程选出新的BDR。DR和BDR选举成功后，OSPF路由器会将DR和BDR的IP地址设置到Hello包的DR和BDR字段上，表明该OSPF区域内的DR和BDR已经有效。

如图11-3所示，优先级为5的RTA被选举为DR，优先级为3的RTB被选举为BDR，其他有选举资格的路由器作为DRother。

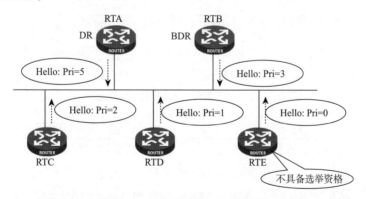

图 11-3　OSPF 协议 DR 选举过程

虽然路由器的优先级可以影响选举过程，但它不能强制更改已经生效的DR和BDR。当一台OSPF路由器加入一个OSPF区域时，如果该区域内尚未选举出DR和BDR，则该路由器参与DR和BDR的选举；如果该区域内已经有有效的DR和BDR，即使该路由器的优先级很高，也只能接受已经存在的DR和BDR。因此在广播型网络里，最先初始化的具有DR选举资格的两台路由器将成为DR

和BDR。

一旦DR和BDR选举成功，其他路由器（DRother）只与DR和BDR之间建立邻接关系。此后，所有路由器继续组播Hello包（组播地址为224.0.0.5）来寻找新的邻居和维持旧邻居关系，而DRother路由器只与DR和BDR交互链路状态信息，故DRother与DR、DRother与BDR之间的邻居状态可以达到Full状态，而DRother之间的邻居状态只能停留在2-way状态。

11.2.2 链路状态信息传递

建立邻接关系的OSPF路由器之间通过发布LSA来交互链路状态信息。通过获得对方的LSA，同步OSPF区域内的链路状态信息后，各路由器将形成相同的LSDB。

LSA通告描述了路由器所有的链路信息（或接口）和链路状态信息。这些链路可以是到一个末梢网络（指没有和其他路由器相连的网络）的链路，也可以是到其他OSPF路由器的链路或是到外部网络的链路等。

为避免网络资源浪费，OSPF路由器采取路由增量更新的机制发布LSA，即只发布邻居缺失的链路状态给邻居。如图11-4所示，当网络变更时，路由器立即向已经建立邻接关系的邻居发送LSA摘要信息；而如果网络未发生变化，OSPF路由器每隔30 min向已经建立邻接关系的邻居发送一次LSA的摘要信息。摘要信息仅对该路由器的链路状态进行简单的描述，并不是具体的链路信息。邻居接收到LSA摘要信息后，比较自身链路状态信息，如果发现对方具有自己不具备的链路信息，则向对方请求该链路信息，否则不做任何动作。当OSPF路由器接收到邻居发来的请求某个LSA的包后，将立即向邻居提供它所需要的LSA，邻居在接收到LSA后，会立即给对方发送确认包进行确认。

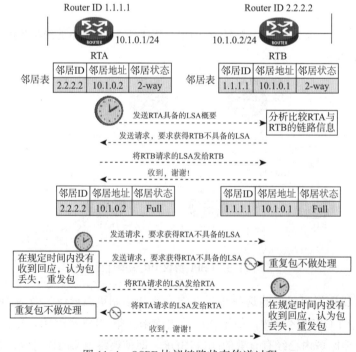

图 11-4 OSPF 协议链路状态传递过程

综上可见，OSPF协议在发布LSA时进行了4次握手，这种方式不仅有效避免了类似RIP协议发送全部路由带来的网络资源浪费的问题，还保证了路由器之间信息传递的可靠性，提高了收敛速度。

OSPF协议具备超时重传机制。在LSA更新阶段，如果发送的包在规定时间内没有收到对方的回应，则认为包丢失，重新发送包。

为避免网络时延大造成路由器超时重传，OSPF协议为每个包编写从小到大的序列号，当路由器接收到重复序列号的包时，只响应第一个包。

同时，由于LSA更新时携带掩码，OSPF支持VLSM，能准确反映实际网络情况。

11.2.3 OSPF 路由计算

OSPF路由计算通过以下步骤完成。

（1）评估一台路由器到另一台路由器所需要的开销，OSPF协议是根据路由器的每一个接口指定的度量值来决定最短路径的，这里的度量值指的就是接口指定的开销。一条路由的开销是指沿着到达目的网络的路径上所有路由器出接口的开销总和。

Cost值与接口带宽密切相关。H3C路由器的接口开销是根据公式"100/带宽（Mbit/s）"计算得到的，它可作为评估路由器之间网络资源的参考值。此外，用户也可以通过命令ospf cost手工指定路由器接口的Cost值。

（2）同步OSPF区域内每台路由器的LSDB。OSPF路由器通过交换LSA实现LSDB的同步。LSA不但携带了网络连接状况信息，而且携带了各接口的Cost信息。

由于一条LSA是对一台路由器或一个网段拓扑结构的描述，整个LSDB就形成了对整个网络的拓扑结构的描述。LSDB实质上是一张带权的有向图，这张图便是对整个网络拓扑结构的真实反映。显然，OSPF区域内所有路由器得到的是一张完全相同的图。

（3）使用SPF算法计算出路由。如图11-5所示，OSPF路由器用SPF算法以自身为根节点计算出一棵最短路径树，在这棵树上，由根到各节点的累计开销最小，即由根到各节点的路径在整个网络中都是最优的，这样也就获得了由根去往各个节点的路由。计算完成后，路由器将路由加入OSPF路由表。当SPF算法发现有两条到达目标网络的路径的Cost值相同时，就会将这两条路径都加入OSPF路由表，形成等价路由。

从OSPF协议的工作过程，能清晰地看出OSPF具备的优势。

（1）OSPF区域内的路由器对整个网络的拓扑结构有相同的认识，在此基础上计算的路由不可能产生环路。

（2）当网络结构变更时，所有路由器能迅速获得变更后的网络拓扑结构，网络收敛速度快。

（3）由于引入了Router ID的概念，OSPF区域内的每台路由器的行为都能很好地被跟踪。

（4）使用SPF算法计算路由，路由选择与网络能力直接联系起来，选路更合理。

（5）OSPF采用多种手段保证信息传递的可靠性、准确性，确保每台路由器网络信息同步，同时，避免了不必要的网络资源浪费。

综合起来看，OSPF的确解决了RIP路由协议的一些固有缺陷，成为企业网络中最常用的路由协议之一。

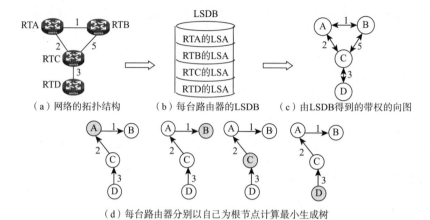

（a）网络的拓扑结构　　（b）每台路由器的LSDB　　（c）由LSDB得到的带权的向图

（d）每台路由器分别以自己为根节点计算最小生成树

图 11-5　OSPF 协议路由过程

11.2.4　OSPF 分区域管理

OSPF协议使用了多个数据库和复杂的算法，这势必会耗费路由器更多的内存和CPU资源。当网络的规模不断扩大时，这些对路由器的性能要求就会显得过多，甚至会达到路由器性能极限。另外，Hello包有LSA更新包，也随着网络规模的扩大给网络带来难以承受的负担。为减少这些不利的影响，OSFF协议提出分区域管理的解决方法，如图11-6所示。

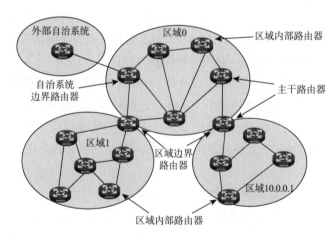

图 11-6　OSPF 协议区域划分

OSPF将一个大的自治系统划分为几个小的区域（Area），路由器仅需要与其所在区域的其他路由器建立邻接关系并共享相同的链路状态数据库，而不需要考虑其他区域的路由器。

在这种情况下，原来庞大的数据链路状态数据库被划分为几个小数据库，并分别在每个区域里进行维护，从而降低了对路由器内存和CPU的消耗；同时，Helb包和LSA更新包也被控制在一个区域内，更有利于网络资源的利用。

为区分各个区域，每个区域都用一个32位的区域ID来标识。区域ID可以表示为一个十进制数字，也可以表示为一个点分十进制的数字。例如，配置区域0等同于配置区域0.0.0.0。

　　划分区域以后，OSPF自治系统内的通信将划分为三种类型：

　　（1）区域内通信：在同一个区域内的路由器之间的通信。

　　（2）区域间通信：不同区域的路由器之间的通信。

　　（3）区域外部通信：OSPF域内路由器与另一个自治系统内的路由器之间的通信。

　　为完成上述通信，OSPF需要对本自治系统内的各区域及路由器进行任务分工。

　　OSPF划分区域后，为有效管理区域间通信，需要有一个区域作为所有区域的枢纽，负责汇总每一个区域的网络拓扑路由到其他所有的区域，所有的区域间通信都必须通过该区域，这个区域称为主干区域（Backbone Area）。协议规定区域0是主干域保留的区域ID号。

　　所有非主干区域都必须与主干区域相连，非主干区域之间不能直接交换数据包，它们之间的路由传递只能通过区域0完成。区域ID仅是对区域的标识，与它内部的路由器IP地址分配无关。

　　至少有一个接口与主干区域相连的路由器称为主干路由器（Backbone Router），连接一个或多个区域到主干区域的路由器称为区域边界路由器，这些路由器一般会成为区域间通信的路由网关。

　　OSPF自治系统要与其他自治系统通信，必然需要有OSPF区域内的路由器与其他自治系统相连，这种路由器称为自治系统边界路由器。自治系统边界路由器可以是位于OSPF自治系统内的任何一台路由器。

　　所有接口都属于同域的路由器称为内部路由器（Internal Router），它只负责域内通信或同时承担自治系统边界路由器的任务。

　　划分区域后，仅在同一个区域的OSPF路由器能建立邻居和邻接关系。为保证区域间能正常通信，区域边界路由器需要同时加入两个及两个以上的区域，负责向它连接的区域发布其他区域的LSA通告，以实现OSPF自治系统内的链路状态同步及路由信息同步，因此，在进行OSPF区域划分时，会要求区域边界路由器的性能较强一些。

　　如图11-7所示，区域1和区域10.0.0.1只向区域0（主干区域）发布自己区域的LSA，而区域0则必须负责将其自身LSA向其他区域发布，并且负责在非主干区域之间传递路由信息。为进一步减少区域间LSA的数量，OSPF区域边界路由器可以执行路由聚合，即区域边界路由器只发布一个包含某一区域内大多数路由或所有路由的网段路由，如在区域10.0.0.1内，所有路由器的IP地址都在20.1.0.0/16网段范围内，那么可以在连接区域0和区域10.0.0.1的区域边界路由器上配置路由聚合，让其在向区域0发布区域10.0.0.1的LSA时，只描述20.1.0.07/16网段即可，不需要具体描述区域10.0.0.1内的20.1.2.0/24、20.1.0.0/24等网段的LSA。这样不仅大大减少了区域间传递的LSA的数量，还能降低整个OSPF自治系统内路由器维护LSDB数据库的资源要求，降低SPF算法计算的复杂度。

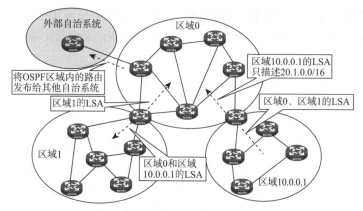

图 11-7　OSPF 协议区域 LSA 发布

11.3　OSPF 配置

11.3.1　OSPF 基本配置命令

OSPF协议的一般配置步骤如下：

（1）启动OSPF进程。命令如下：

[Router]ospf [*process-id*]

在系统视图下使用命令ospf process-id可以启动OSPF进程并进入此进程的配置视图。参数process-id为进程号，一台路由器上可以同时启动多个OSPF进程，系统用进程号区分它们。用undo ospf process-id命令则可以关闭指定的OSPF进程并删除其配置。

（2）配置OSPF区域。

OSPF路由器必须至少属于一个区域，故在OSPF进程启动后，应首先划分区域。

在OSPF视图下用命令area area-id配置一个区域并进入此区域视图；用undo area area-id命令删除一个区域。

参数area-id标识OSPF区域ID，既可以是一个十进制数字，也可以是一个形如IP地址的点分十进制的数字。路由器允许用户使用这两种方式进行配置，但仅以点分十进制数字的方式显示用户配置的区域。例如，当用户配置为area 100时，路由器显示出用户配置的区域为area 0.0.0.100。

（3）在指定的接口上启动OSPF。命令如下：

[Router-ospf-1**-area-**0.0.0.0**] network** *network-address wildcard-mask*

配置区域后，需要将路由器的接口加入适当的OSPF区域，使该接口可以执行该区域内的邻居发现、邻接关系建立、DR/BDR选举、LSA通告等行为，也使该接口的IP网段信息能通过LSA发布出去，一个接口只能加入一个区域。

注意：在区域视图下使用network network-address wildcard-mask命令将指定的接口加入该区域，该命令可以一次在一个区域内配置一个或多个接口运行OSPF协议。凡是主IP地址处于network-address和wildcard-mask参数共同规定的网络范围内的接口均被加入相应的OSPF区域并启动OSPF，其中参数network-address指定一个网络地址;而参数wildcard-mask为32位二进制通配符掩码的点分十进制表示，其转化为二进制后若某位为0，表示必须比较network-address和接口地址中与该位对应的位，若为1表示不比较network-address和接口地址中与该位对应的位。若 network-address和接口地址中所有必须比较的位均匹配，则该接口被加入该区域并启动OSPF。

在区域视图下用undo network network-address wildcard-mask命令将指定的接口从该区域删除。

完成上述命令配置后，OSPF即可工作。

11.3.2　OSPF 可选配置命令

除了启动OSPF协议必须配置的命令之外，还有一些命令是可以选择配置的。

（1）配置 Router ID的命令如下：

[Router]router id *ip-address*

在系统视图下使用命令router id可以对该路由器上所有的OSPF进程配置Router ID。如果不配置Router ID，路由器将自动选择其某一接口的IP地址作为Router ID。由于这种方式下Router ID的选择存在一定的不确定性，不利于网络维护，所以通常不建议使用。

注意：为方便OSPF区域规划和问题排查，一般建议将某一Loopback接口地址配置为Router ID。不论是手动配置还是自动选择的Router ID，都在OSPF进程启动时立即生效。生效后如果更改了Router ID或接口地址，则只有重新启动OSPF协议或重启路由器后才会生效。

对于广播型网络来说，DR/BDR选举是OSPF路由器之间建立邻接关系时很重要的步骤，OSPF路由器的优先级对DR/BDR选举具有重要的作用。同样，启动OSPF的接口的Cost值直接影响到路由器计算路由过程。

注意：通常直接使用接口默认的dr-priority和Cost值即可，但如果想人工控制OSPF路由器间的DR和BDR选举，或实现路由备份等，可以在OSPF接口下用ospf dr-priority priority命令修改dr-priority，用undo ospf dr-priority命令恢复OSPF接口默认优先级。

（2）配置OSPF接口优先级的命令如下：

[Router-Ethernet0/0] **ospf dr-priority** *priority*

（3）配置OSPF接口Cost的命令如下：

[Router-Ethernet0/0] **ospf cost** *value*

注意：在OSPF接口下用命令ospf cost value可以直接指定OSPF的接口Cost值;用undo ospf cost命令可恢复OSPF接口默认Cost值。OSPF路由器计算路由时，只关心路径单方向的Cost值，故改变一个接口的Cost值，只对从此接口发出数据的路径有影响，不影响从这个接口接收数据的路径。

11.3.3　单区域 OSPF 配置实例

如图11-8所示，区域0具有三台路由器：RTA、RTB和

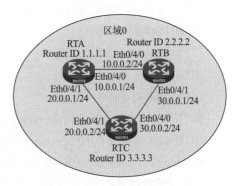

图 11-8　OSPF 单区域配置组网图

RTC，它们彼此连接。

　　　将RTA上的Loopback接口0的IP地址1.1.1.1设置为RTA的Router ID，将RTB上的Loopback接口0的IP地址2.2.2.2设置为RTB的Router ID，将RTC上的Loopback接口0的IP地址3.3.3.3设置为RTC的Router ID。

　　　完成上述配置后，由于RTA的Ethernet 0/4/0与RTB的Ethernet 0/4/0共享同一条数据链路，并且在同一个网段内，故它们互为邻居，假设RTA的OSPF先启动，那么RTA的Ethernet 0/4/0会被选举为RTA与RTB之间网络的DR，假设RTA和RTB的OSPF同时启动，根据优先级相同时Router ID大的优先的原则，RTB的Ethernet 0/4/0会被选举为RTA与RTB之间网络的DR。

　　　同理，RTA的Ethernet 0/4/0与RTC的Ethernet 0/4/1互为邻居，假设RTA的OSPF先启动，那么RTA的Ethernet 0/4/1会被选举为RTA与RTC之间网络的DR，假设RTA和RTC的OSPF同时启动，RTC的Ethernet 0/4/1会被选举为RTA与RTC之间网络的DR，RTC的Ethernet 0/4/0与RTB的Ethernet 0/4/1互为邻居，假设RTC的OSPF先启动，那么RTC的Ethernet 0/4/0会被选举为RTC与RTB之间网络的DR；假设RTC和RTB的OSPF同时启动，那么RTB的Ethernet 0/4/1会被选举为RTC与RTB之间网络的DR。

　　　在RTC路由表上将记录到达地址1.1.1.1/32网段出接口为Ethernet 0/4/1，2.2.2.2/32网段出接口为Ethernet 0/4/0。

　　　RTA上配置如下：

　　　[RTA] interface loopback 0

　　　[RTA-loopback-0] ip address 1.1.1.1 32

　　　[RTA-loopback-0] quit

　　　[RTA] router id 1.1.1.1

　　　[RTA] ospf 1

　　　[RTA-ospf-1] area 0

　　　[RTA-ospf-1-area-0.0.0.0] network 1.1.1.1 0.0.0.0

　　　[RTA-ospf-1-area-0.0.0.0] network 10.0.0.0 0.0.0.255

　　　[RTA-ospf-1-area-0.0.0.0] network 20.0.0.0 0.0.0.255

　　　RTB上配置如下：

　　　[RTB] interface loopback 0

　　　[RTB-loopback-0] ip address 2.2.2.2 32

　　　[RTB-loopback-0] quit

　　　[RTB] router id 2.2.2.2

　　　[RTB] ospf 1

　　　[RTB-ospf-1] area 0

　　　[RTB-ospf-1-area-0.0.0.0] network 2.2.2.2 0.0.0.0

　　　[RTB-ospf-1-area-0.0.0.0] network 10.0.0.0 0.0.0.255

　　　[RTB-ospf-1-area-0.0.0.0] network 30.0.0.0 0.0.0.255

　　　RTC上配置如下：

　　　[RTC] interface loopback 0

[RTC-loopback-0] ip address 3.3.3.3 32

[RTC-loopback-0] quit

[RTC] router id 3.3.3.3

[RTC] ospf 1

[RTC-ospf-1] area 0

[RTC-ospf-1-area-0.0.0.0] network 3.3.3.3 0.0.0.0

[RTC-ospf-1-area-0.0.0.0] network 20.0.0.0 0.0.0.255

[RTC-ospf-1-area-0.0.0.0] network 30.0.0.0 0.0.0.255

11.3.4　多区域 OSPF 配置实例

如图11-9所示，RTB作为区域0和区域10.0.0.1的ABR。

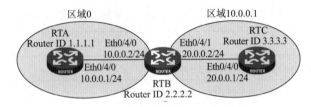

多区域OSPF
配置实例

图 11-9　OSPF 多区域配置组网图

本例中，RTA和RTC的配置与单区域OSPF的配置相同，重点集中在RTB的配置上。RTB作为区域边界路由器，需要同时加入RTA和RTC所在的区域。需要注意的是，在RTB指定接口加入OSPF区域0的时候，不在该区域的接口Ethernet 0/4/1的地址不能加入区域0。同样，接口Ethernet 0/4/0的地址不能加入区域10.0.0.1。

在RTB上配置如下：

[RTB] interface loopback 0

[RTB-loopback-0] ip address 2.2.2.2 255.255.255.255

[RTB-loopback-0] quit

[RTB] route id.2.2.2.2

[RTB] ospf 1

[RTB-ospf-1] area 0

[RTB-ospf-1-area-0.0.0. 0] network 2. 2. 2.2 0.0.0.0

[RTB-ospf-1-area-0.0.0. 0] network 10.0.0.0 0.0.0.255

[RTB-ospf-1-area-0.0.0. 0] quit

[RTB-ospf-1] area 10.0.0.1

[RTB-ospf-100-area-10.0.0.1] network 20.0.0.0 0.0.0.255

11.3.5　OSPF 信息显示

为了便于在OSPF环境下迅速定位故障，系统为用户提供了功能强大的显示和调试工具，这些工具的使用是非常重要的技能。

（1）在任何视图下，通过display ospf peer命令可以查看路由器的OSPF邻居关系。以下是输出示例。

[H3C] display ospf peer

OSPF Process 1 with Router ID 1.1.1. 1

Neighbor Brief Information

Area：0.0.0. 0

Router ID	Address	Pri	Dead-Time	Interface	State
3.3.3.3	50.50.50.3	100	35	Eth 0/ 0	Full/BDR
4.4.4.4	50.50.50.4	10	34	Eth 0/ 0	Full/DR
2.2.2.2	50.50.50.1	100	38	Eth 0/ 0	2-way/-

输出示例中的关键字段如表11-1所示。

表 11-1 display ospf peer 命令显示信息关键字段

字　段	描　述
Area	邻居所属的区域
Router ID	邻居路由器 ID
Address	邻居接口 IP 地址
Pri	路由器优先级
Dead-Time	OSPF 的邻居失效时间
Interface	与邻居相连的接口
State	邻居状态（Down、Init、Attempt、2-way、Exstart、Exchange、Loading、Full）

在广播型网络里，路由器只有与DR和BDR的邻居状态能够达到Full状态，Full状态说明该网络的OSPF路由器的链路状态已经同步。DR other之间的邻居状态应该稳定在2-way状态。在任何视图下，通过display ospf lsdb命令，都可以查看路由器的链路状态数据库，OSPF区域内的各OSPF路由器的链路状态数据库应该是一样的。以下是输出示例。

<H3C>display ospf lsdb

OSPF Process 1 with Router ID 1.1.1.1

Link State Database

Area: 0.0.0.0

Type	LinkState ID	AdvRouter	Age	Len	Sequence	Metric
Router	3.3.3.3	3.3.3.3	1564	48	800000C7	0
Router	1.1.1.1	1.1.1.1	804	48	800000F2	0
Router	4.4.4.4	4.4.4.4	1520	48	800000C9	0
Router	2.2.2.2	2.2.2.2	1276	48	800000C8	0
Network	50.50.50.4	4.4.4.4	1520	40	800000C8	0

输出示例中的关键字段如表11-2所示。

表 11-2　display ospf lsdb 命令显示信息关键字段

字　段	描　述	字　段	描　述
Area	显示 LSDB 信息的区域	Age	LSA 的老化时间
Type	LSA 类型	Len	LSA 的长度
LinkState ID	LSA 链路状态 ID	Sequence	LSA 序列号
AdvRouter	LSA 发布路由器	Metric	度量值

在任何视图下，通过display ospf routing命令，都可以查看路由器的OSPF路由情况。并不是所有的OSPF路由一定会被路由器使用，路由器还需要权衡其他协议提供的路由及路由器接口连接方式等。如果OSPF提供的路由与直连路由相同，路由器会选择直连路由加入全局路由表。以下是输出示例。

```
<H3C>display ospf routing

OSPF Process 1 with Router ID 1.1.1. 1

Routing Tables

Routing for Network

Destination      Cost   Type     NextHop      Adv Router    Area

50.50.50.0/24    1      Transit  50.50.50.1   4.4.4.4        0.0.0.0

4.4.4.4/32       2      Stub     50.50.50.4   4.4.4.4        0.0.0.0

3.3.3.3/32       2      Stub     50.50.50.3   3.3.3.3        0.0.0.0

2.2.2.2/32       2      Stub     50.50.50.2   2.2.2.2        0.0.0.0

1.1.1.1/32       0      Stub     1.1.1.1      1.1.1.1        0.0.0.0
```

输出示例的关键字段如表11-3所示。

表 11-3　display ospf routing 命令显示信息关键字段

字　段	描　述
Destination	目的网络
Cost	到达目的地址的开销
Type	路由类型（Intra-area、Transit、Stub、Inter-Area、Type 1 External 和 Type 2 External）
NextHop	下一跳地址
Adv Router	发布路由器
Area	区域 ID
Total Nets	区域内部、区域间、ASE 和 NSSA 区域的路由总数
Intra Area	区域内部路由总数
Inter Area	区域间路由总数
ASE	OSPF 区域外路由总数
NSSA	NSSA 区域路由总数

另外，可以通过display ospf brief、diplay ospf interface、display ospf error和display ospf integer<1-65535>查看其他OSPF信息。

（1）显示OSPF摘要信息。命令如下：

[Router] display ospf brief

（2）显示启动OSPF的接口信息。命令如下：

[Router] display ospf interface

（3）显示OSPF的出错信息。命令如下：

[Router] display ospf error

（4）显示OSPF的进程信息。命令如下：

[Router] display ospf *integer<1-65535>*

小　结

◇　OSPF是链路状态路由协议，使用SPF算法计算最短路径，选路更合理，不会产生路由环路。

◇　OSPF通过DR/BDR选举减少邻接关系，网络链路状态信息同步通过DR/BDR进行管理。

◇　OSPF通过划分区域管理的方式优化运行。

◇　OSPF网络收敛快、信息传递可靠、节省网络资源、支持VLSM，适用于中小型网络，经细致规划后也可用于大型网络。

◇　OSPF协议常见的显示和维护命令。

习　题

选择题

1. OSPF 协议是使用链路延迟作为路由选择的参考值的。（　　　）

A. True　　　　　　　　　　　　　　B. False

2. 下列不是 OSPF 相对 RIPv2 协议改进点的是（　　　）。

A. OSPF 协议使用 LSA 进行交互　　　B. OSPF 协议没有最大跳数限制

C. OSPF 协议不使用跳数进行路由选择　D. OSPF 使用组播地址进行更新

3. 两台直连 MSR 路由器通过配置 IP 地址和 OSPF 后，两台路由器的接口可以互通。那么在 OSPF 邻居状态稳定后，（　　　）。

A. OSPF 接口优先级相同，在直连网段上不进行 OSPF DR 选举

B. 两台路由器中，一台为 DR，一台为 BDR

C. 两台路由器中，一台为 DR，一台为 DRother

D. 两台路由器的邻居状态分别为 Full、2-way

4. 在一台运行 OSPF 的 MSR 路由器的 GE0/0 接口上做了如下配置：

[MSR-GigabitEthernet0/0] ospf cost 2

那么关于此配置命令描述正确的是（　　　）。

A. 该命令将接口 GE0/0 的 OSPF Cost 值修改为 2

B. 该命令只对从此接口接收的数据的路径有影响

C. 该命令只对从此接口发出的数据的路径有影响

D. 默认情况下，MSR 路由器的接口 Cost 与接口带宽成正比关系

第 12 章
TCP/UDP 协议

本章首先简述了传输层的功能和端口号概念；其次重点分析了TCP协议，讲解了TCP协议的特点，剖析报文段格式中包含的各个字段功能，分析了TCP连接含义、建立阶段和释放阶段的通信过程；最后简单概括了UDP协议的特点和报文段格式，并总结了两个协议的区别。

学习目标

> 了解传输层的功能，理解端口号的含义。

> 了解TCP协议的特点，理解TCP协议报文段各个字段的含义。

> 理解TCP连接的建立和释放过程。

> 了解UDP协议的特点，理解UDP报文段包含字段的含义。

> 理解TCP和UDP协议的区别。

12.1　传输层概述

传输层是TCP/IP层次参考模型中的第4层。传输层在端到端实现数据传输控制，保证数据传输正确性。计算机或实现了传输层功能的设备可以作为端设备。路由器最高层是网络层，交换机最高层也是网络层，都没有传输层功能。网络层根据IP地址可以实现两台主机的通信，但是真正进行通信的实体是主机中的进程之间通信，如QQ、微信等进程之间通信，IP协议虽然能够把分组送到目的主机，但是这个分组还停留在主机网络层，还没有交付给主机中的对应应用进程，这需要通过传输层功能来实现。

12.1.1　传输层的功能

（1）传输层提供端到端进程和进程之间的逻辑通信，如图12-1所示。逻辑通信是指在应用层看来，只要把应用层的报文封装交给下面的传输层，传输层就可以将这报文传送给对方的传输层，看起来是两主机在传输层水平传输数据，但是实际上并不是按照这样的水平传输，而是向网络层、数

据链路层最后到物理层，中途经过转发等一系列复杂的过程实现的，但是传输层向高层用户屏蔽
了下面网络核心细节。网络层为主机之间的逻辑通信，而传输层为应用进程之间提供端到端的逻辑
通信。

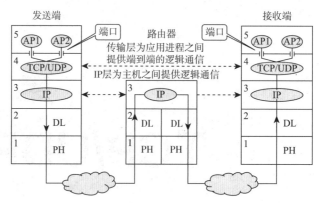

图 12-1　基于端口机制传输层为应用进程之间提供逻辑通信

（2）复用和分用。如图12-1所示，复用是指发送端不同的应用进程AP1、AP2可以使用同一个
传输层协议传送数据，如QQ和微信都可以使用传输层协议传送消息。分用是指接收端的传输层在剥
去报文首部后能够把这些数据正确地交付给应用进程AP1或AP2。例如，QQ发送的数据就交付给给
接收方的QQ进程接收，微信发送的数据就交付给接收方的微信进程接收。

（3）差错检测。在网络层，IP数据报首部中的检验和字段，只检验首部是否出差错而不检验数
据部分，传输层需要对收到的报文数据进行差错检测。

12.1.2　传输层寻址与端口

前面说了传输层的复用和分用功能，应用层的所有应用进程都可以通过传输层再传送到网络
层，这就是复用。传输层从网络层收到发送给各应用进程的数据后，必须分别交付给各应用进程，
这就是分用。

传输层如何找到与之相对应的进程？传输层通过使用端口号来标识主机中的不同应用进程。这
里要和路由器和交换机上的硬件端口相区别。硬件端口是不同硬件设备进行交互的接口，而这里描
述的是一种逻辑端口，标识一个应用进程。在UDP和TCP报文段的首部格式中，都存在源端口和目
的端口两个重要字段。当应用层收到传输层递交的报文时，就能根据首部中的目的端口号把数据交
付给应用层的目的应用进程。端口号具有本地意义，它只是为了标识本计算机应用层中各个进程在
和传输层交互时的层间接口。在因特网中不同计算机的相同端口是没有联系的。TCP与UDP报文结
构中端口地址都是16比特，可以在0~65 535范围内使用端口号。

这就好比两个家庭之间通信，A家庭的a成员要给B家庭的b成员写信，a寄信时不仅要填写B的家
庭地址，同时还要填写b的名字，因为B家庭可能有多个人，不写名字就不知道是给谁的。这里的B
家庭地址相当于IP地址，b的名字相当于端口。

端口号分为两大类：服务器使用的端口号和客户端使用的端口号。

（1）服务器端使用的端口号。服务器端使用的端口号可分为两类：熟知端口号和登记端口号。熟

知端口号又称系统端口号，数值范围为0~1 023，这些值分配给TCP/IP 最重要的一些应用程序，互联网管理机构负责分配这部分端口，让所有用户都知道。如FTP服务的21和20端口，DNS服务的53端口，万维网服务的80端口。登记端口号数值是1 024~49 151，这类端口号为没有熟知端口号的应用程序申请使用。

（2）客户端使用的端口号，数值范围为49 152~65 535，这类端口号仅在客户进程运行时由操作系统动态分配给客户进程使用，因此又称临时端口号。

12.1.3　传输层协议

传输层功能通过两个重要协议来实现：用户数据报协议（User Datagram Protocol，UDP）和传输控制协议（Transmission Control Protocol，TCP）。TCP是面向连接的，而UDP是无连接的。TCP在传送数据之前必须建立连接，数据传送结束要释放连接，TCP不提供广播或多播服务。由于TCP要提供可靠的、面向连接的传输层服务，因此不可避免地增加了许多开销，如确认、流量控制、计时器连接管理等。UDP 在传送数据前不需要建立连接，收到UDP报文后也不需要给出任何确认。所以，TCP可靠、面向连接，时延大，适用于大文件。UDP不可靠、无连接、时延小，适用于小文件传输、实时要求高的通信。

12.2　TCP 协议

TCP协议是一种面向连接的、可靠的、基于字节流的传输层通信协议，由IETF的RFC793 定义。TCP旨在适应支持多网络应用的分层协议层次结构，连接到不同网络但互联的计算机不同进程之间依靠TCP提供可靠的端到端通信服务。

12.2.1　TCP 协议的特点

（1）数据分片：在发送端对用户数据进行分片，在接收端进行重组，由TCP确定分片的大小并控制分片和重组。

（2）到达确认：接收端接收到分片数据时，根据分片数据序号向发送端发送一个确认。

（3）超时重发：发送方在发送分片时启动超时定时器，如果在定时器超时之后没有收到相应的确认，则重发分片。

（4）滑动窗口：TCP连接每一方的接收缓冲空间大小都固定，接收端只允许另一端发送接收端缓冲区所能接纳的数据，TCP在滑动窗口的基础上提供流量控制，防止较快主机致使较慢主机的缓冲区溢出。

（5）失序处理：作为IP数据报来传输的TCP分片到达时可能会失序，TCP将对收到的数据进行重新排序，将收到的数据以正确的顺序交给应用层。

（6）重复处理：作为IP数据报来传输的TCP分片会发生重复，TCP的接收端必须丢弃重复的数据。

（7）数据检验：TCP将保持它首部和数据的检验和，这是一个端到端的检验和，目的是检测数据在传输过程中的任何变化。如果收到分片的检验和有差错，TCP将丢弃这个分片，并不向对端确认收到此报文段，导致对端超时并重发。

12.2.2　TCP 协议报文段格式

TCP报文段格式如图12-2所示。其包含字段分析如下：

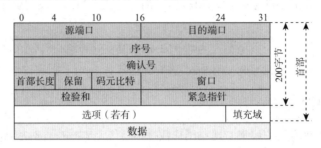

图 12-2　TCP 报文段格式

（1）源端口（2字节）：发送端应用程序的端口号，与源IP地址确定唯一地址。

（2）目的端口（2字节）：接收端计算机应用程序的端口号，与目的IP地址确定唯一地址。

（3）序号（4字节）：TCP是面向字节流传输的，它为每一个字节编了一个序号，该报文段中序号为传输数据第一个字节的序号。例如，一个报文端的数据部分大小为100字节，它的序号为400，那么下一次报文段的序号就为500。

（4）确认号（4字节）：指明了下一个期待接收的字节序号，表明该序号之前的所有字节都正确接收到了，只有当ACK为1的时候确认号才有效。

（5）数据偏移/首部长度（4字节）：用来表示报文段数据的起始处距离报文起始处的长度，也就是TCP报文首部的长度，由于首部含有可选项，所以TCP报头长度是不确定的。

（6）保留：为了将来定义新的用途保留，一般置为0。

（7）URG紧急控制位：与紧急指针配合使用，当URG为1的时候，就是通知系统这个报文段有紧急数据，需要优先传输。

（8）ACK确认控制位：当它为1的时候，确认号字段才有效。TCP规定，在连接建立后，所有ACK都应该置为1。

（9）PSH推送控制位：当报文段的Push为1的时候，接收方接到该报文段，就立刻将它交付给接收应用进程，而不是等缓存已满的时候再交付。

（10）RST复位控制位：当报文段的RST为1的时候，说明该TCP连接出现错误，必须释放连接，并重新建立连接。

（11）SYN同步控制位：在连接建立时用来同步序列号，当SYN=1、ACK=0时说明这是一个连接请求报文段，如果对方同意建立连接则应该在响应的报文段中使SYN=1、ACK=1，表示接受请求。

（12）FIN终止控制位：用来释放连接，当FIN=1时表示此报文段发送方的数据已经发送完毕，并要求释放连接。

（13）窗口（2字节）：用来告知发送端接收端的缓存大小，以控制发送方发送数据的速率，从而达到流量控制，窗口最大值为65 536。

（14）检验和：用CRC来检验整个TCP报文段，包括TCP头、TCP数据，由发送端进行计算和存储，接收端进行检验，如果接收方发现检验和有差错，则TCP报文段会被直接丢弃。

（15）紧急指针（2字节）：标识紧急数据在报文段结束的位置。

（16）选项（40字节）：长度可变，最大长度为40字节。选项部分有以下类型：

① MSS最大报文段长度（Max Segment Size）：指明自己期望对方发送数据字段的最大长度，如果未填写默认为536字节，它只出现在SYN=1的报文段中。

② 窗口扩大选项：当出现宽带比较大的通信的时候，就需要扩大窗口来满足性能和吞吐量。

③ SACK选择确认项（Selective Acknowledgements）：为了确保重传的时候只传丢失的那部分报文段，不会重传所有的报文段，最多能描述4个丢失的报文。

④ 时间戳选项（Timestamps）：使用该字段很容易区分相同序列号的不同报文段（回绕序列号），还可以计算RTT（往返时间），当发送端发送一个报文段的时候把当前时间放入这个时间戳选项，当接收方收到后将其复制到确认报文段，发送方接收到这个确认报文段后就可以计算往返时间。

（17）数据部分：该部分可选，如在一个链接建立和终止的时候，双方发送的报文段只有首部。

12.2.3 TCP 连接管理

TCP是面向连接的协议，TCP把连接作为最基本的抽象。每一条TCP连接唯一地被通信两端的两个端点所确定。TCP连接的端点又称套接字（Socket）。根据TCP协议的规定，端口号拼接到IP地址即构成了套接字，即：

套接字 Socket = (IP地址:端口号)

这样一来，TCP连接可以用式子表示：

TCP连接 ::= {socket1,socket2} = {(IP1: port1),(IP2: port2)}

在面向连接通信中，连接的建立和释放是必不可少的过程。TCP连接的建立采用客户/服务器方式，主动发起连接建立的应用进程称为客户，而被动等待连接的应用进程称为服务器。下面主要分析TCP如何建立连接和释放连接。

1.TCP连接建立阶段

通过三次握手建立连接。所谓三次握手即建立TCP连接，就是指建立一个TCP连接时，需要客户端和服务端总共发送三个包以确认连接的建立。在TCP服务器进程打开，准备接受客户进程的连接请求，此时服务器进入LISTEN（监听）状态，具体通信过程如图12-3所示。

（1）第一次握手：Client将b标志位SYN置为1，随机产生一个值seq=J，并将该数据包发送给Server，Client进入SYN_SENT状态，等待Server确认。TCP规定，SYN报文段（SYN=1的报文段）不能携带数据，但需要消耗掉一个序号。

（2）第二次握手：Server收到数据包后由标志位SYN=1知道Client请求建立连接，Server将标志位SYN和ACK都置为1，ack=J+1，随机产生一个值seq=K，并将该数据包发送给Client以确认连接请求，Server进入SYN_RCVD状态。

（3）第三次握手：Client收到确认后，检查ack是否为J+1，ACK是否为1，如果正确则将标志位ACK置为1，ack=K+1，并将该数据包发送给Server，Server检查ack是否为K+1，ACK是否为1，如果正确则连接建立成功，Client和Server进入ESTABLISHED状态，完成三次握手，随后Client与Server之间可以开始传输数据。

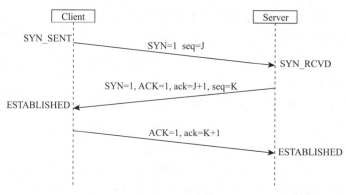

图 12-3　TCP 连接建立通信过程

三次握手主要目的是：防止超时导致脏连接。如果使用的是两次握手建立连接，假设有这样一种场景，客户端发送了第一个请求连接并且没有丢失，只是因为在网络节点中滞留的时间太长了，由于TCP的客户端迟迟没有收到确认报文，以为服务器没有收到，此时重新向服务器发送这条报文，此后客户端和服务器经过两次握手完成连接，传输数据，然后关闭连接。此时此前滞留的那一次请求连接，网络通畅了到达了服务器，这个报文本该是失效的。但是，两次握手机制将会让客户端和服务器再次建立连接，这将导致不必要的错误和资源的浪费。如果采用的是三次握手，就算是那一次失效的报文传送过来了，服务端接收到了那条失效报文并且回复了确认报文，但是客户端不会再次发出确认。由于服务器收不到确认，就知道客户端并没有请求连接。

2.TCP连接释放阶段

通过四次握手释放连接。所谓四次握手即终止TCP连接，就是指断开一个TCP连接时，需要客户端和服务端总共发送4个包以确认连接的断开。具体过程如图12-4所示。

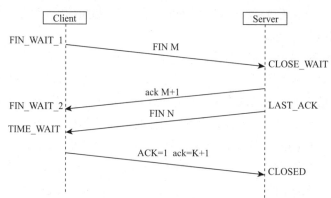

图 12-4　TCP 连接释放通信过程

由于TCP连接时全双工的，因此，每个方向都必须要单独进行关闭，这一原则是当一方完成数据发送任务后，发送一个FIN来终止这一方向的连接，收到一个FIN只是意味着这一方向上没有数据流动了，即不会再收到数据了，但是在这个TCP连接上仍然能够发送数据，直到这一方向也发送了FIN。首先进行关闭的一方将执行主动关闭，而另一方则执行被动关闭。

（1）第一次握手：Client发送一个FIN，用来关闭Client到Server的数据传送，Client进入FIN_

WAIT_1状态。

（2）第二次握手：Server收到FIN后，发送一个ACK给Client，确认序号为收到序号+1（与SYN相同，一个FIN占用一个序号），Server进入CLOSE_WAIT状态。

（3）第三次握手：Server发送一个FIN，用来关闭Server到Client的数据传送，Server进入LAST_ACK状态。

（4）第四次握手：Client收到FIN后，Client进入TIME_WAIT状态，接着发送一个ACK给Server，确认序号为收到序号+1，Server进入CLOSED状态，完成四次挥手。

为什么建立连接是三次握手，关闭连接却是四次握手呢？建立连接的时候，服务器在LISTEN状态下，收到建立连接请求的SYN报文后，把ACK和SYN放在一个报文里发送给客户端。而关闭连接时，服务器收到对方的FIN报文时，仅仅表示对方不再发送数据了，但是还能接收数据，而自己也未必将全部数据都发送给对方了，所以己方可以立即关闭，也可以发送一些数据给对方后，再发送FIN报文给对方来表示同意现在关闭连接，因此，己方ACK和FIN一般都会分开发送，从而导致多了一次。

12.3 UDP 协议

UDP 是TCP/IP参考模型第4层一种无连接的传输层协议，提供面向事务的简单不可靠信息传送服务，IETF RFC768是UDP的正式规范。UDP在IP报文的协议号是17。UDP在网络中与TCP协议一样用于处理数据包。UDP有不提供数据包分组、组装和不能对数据包进行排序的缺点，也就是说，当报文发送之后，是无法得知其是否安全完整到达的。UDP用来支持那些需要在计算机之间传输数据的网络应用。包括网络视频会议系统在内的众多的客户/服务器模式的网络应用都需要使用UDP协议。

12.3.1 UDP 协议的特点

（1）UDP无连接，时间上不存在建立连接需要的时延。UCP不维护连接状态，也不跟踪这些参数，开销小。

（2）分组首部开销小，TCP首部20字节，UDP首部8字节。

（3）UDP没有拥塞控制，网络中的拥塞控制也不会影响主机的发送速率。某些实时应用要求以稳定的速度发送，能容忍一些数据的丢失，但是不能允许有较大的时延，如实时视频、直播等，UDP协议是最好的选择。

（4）UDP提供尽最大努力的交付，不保证可靠交付。所有维护传输可靠性的工作需要用户在应用层来完成。没有TCP的确认机制、重传机制。如果因为网络原因没有传送到对端，UDP也不会给应用层返回错误信息。

（5）UDP是面向报文的，对应用层交下来的报文，添加首部后直接交付给网络层，既不合并，也不拆分，保留这些报文的边界。对网络层交上来的UDP数据报，在去除首部后就原封不动地交付给上层应用进程，报文不可分割，是UDP数据报处理的最小单位。

（6）UDP常用于一次性传输比较少量数据的网络应用，如DNS、SNMP等。对于这些应用，若是采用TCP协议，TCP连接的建立、维护和释放带来不小的开销。UDP也常用于多媒体应用，如IP电话、实时视频会议、流媒体等，数据的可靠传输对它们而言并不重要，TCP的拥塞控制会使它们有较大的延迟，也是不可容忍的。

12.3.2　UDP 协议的首部格式

　　UDP数据报分为报头和数据区，UDP数据报文结构如图12-5所示。整个UDP数据报作为IP数据报的数据部分封装在IP数据报中，如图12-6所示。

　　（1）源端口：该项是任选项，默认值是0，可以被指定。

　　（2）目的端口：该项必须指定，因为这个作为接收主机内特定应用进程相关联的地址。

　　（3）长度：该字段表示数据报文的长度，包含首部和数据部分，最小8字节。

　　（4）检验和：该字段用于防止UDP用户数据报在传输中出错，长度为16位，UDP检验和作用于UDP报头和UDP数据的所有位，由发送端计算检验和并存储，由接收端检验接收数据是否正确。

图 12-5　UDP 报文段格式图

图 12-6　IP 数据包封装 UDP 报文

小　结

　　✧　传输层实现端到端进程之间的可靠通信，使用端口号标识主机中的不同进程，端口号分为熟知端口号0～1 023、登记端口号1 024～49 151和临时端口号49 152～65 535。

　　✧　TCP通信时通过建立连接来完成，通信完成通过释放连接，通过TCP连接传送的数据，无差错、不丢失、不重复，且按序到达提供可靠的服务。

　　✧　UDP尽最大努力交付，即不保证可靠交付。UDP没有拥塞控制，因此，网络出现拥塞不会使源主机的发送速率降低，对实时应用很有用，如IP电话、实时视频会议等。

　　✧　每一条TCP连接只能是点到点的；UDP支持一对一、一对多、多对一和多对多的交互通信。

　　✧　TCP首部开销20字节；UDP的首部开销小，只有8字节。

　　✧　TCP的逻辑通信信道是全双工的可靠信道，UDP则是不可靠信道。

习　题

一、选择题

1. 在 TCP/IP 协议族的层次中，提供端到端传输功能的层次是（　　　）。

　　A. 网络接口层　　　　B. 网络层　　　　C. 传输层　　　　D. 应用层

2. 万维网服务使用的熟知端口号为（　　　）。

　　A. 53　　　　B. 21　　　　C. 63　　　　D. 80

3. TCP 的主要功能是（　　　）。

A. 进行数据分组   B. 保证可靠传输

    C. 确定数据传输路径   D. 提高传输速度

4. 传输层与应用层的接口上所设置的端口是一个（　　　）的地址。

    A. 8 位   B. 16 位   C. 32 位   D. 64 位

5. TCP 和 UDP 中效率高的是（　　　）。

    A. TCP   B. UDP   C. 两个一样   D. 不能比较

6. TCP 报文段中序号字段是指（　　　）。

    A. 数据部分第一个字节   B. 数据部分最后一个字节

    C. 报文首部第一个字节   D. 报文最后一个字节

7. TCP 报文中确认序号是指（　　　）。

    A. 已经收到的最后一个数据序号   B. 期望收到的第一个字节序号

    C. 出现错误的数据序号   D. 请求重传的数据序号

8. 熟知端口的范围是（　　　）。

    A. 0 ～ 100   B. 20 ～ 199   C. 0 ～ 255   D. 1 024 ～ 49 151

二、简答题

1. 简要说明传输层的功能和特点。它主要包含哪两个协议？

2. 简述端口及其作用。

3. 简述 TCP 连接建立和释放的通信过程。

4. 简述 TCP 和 UDP 协议的特点和区别。

第 13 章
访问控制列表

本章主要讲述用访问控制列表实现包过滤，要增强网络安全性，网络设备需要具备控制某些访问或某些数据的能力。ACL包过滤是一种被广泛使用的网络安全技术，它使用ACL来实现数据识别，并决定是转发还是丢弃这些数据包。ACL通过一系列的匹配条件对报文进行分类，这些条件可以是报文的源地址、目的地址、端口号等信息。

另外，由ACL定义的报文匹配规则，可以被其他需要对流进行区分的场合引用，如QoS的数据分类、NAT转换源地址匹配等。

学习目标

➢ 了解ACL的定义及应用。

➢ 掌握ACL包过滤的工作原理。

➢ 掌握ACL的分类及应用。

➢ 掌握ACL包过滤的配置。

➢ 掌握ACL包过滤的配置应用注意事项。

13.1 ACL 概述

13.1.1 ACL 的应用

ACL是用来实现数据识别功能的。为了实现数据识别，网络设备需要配置一系列的匹配条件对报文进行分类，这些条件可以是报文的源地址、目的地址、端口号、协议类型等。

需要用到访问控制列表的应用有很多，主要包括如下一些应用：

（1）包过滤防火墙（Packet Filter Firewall）功能：网络设备的包过滤防火墙功能用于实现包过滤。配置基于访问控制列表的包过滤防火墙，可以在保证合法用户的报文通过的同时，拒绝非法用户的访问。例如，要实现只允许财务部的员工访问服务器而其他部门的员工不能访问，可以通过包过滤防火墙丢弃其他部门访问服务器的数据包来实现。

（2）NAT（Network Address Translation，网络地址转换）：公网地址的短缺使NAT的应用需求旺盛，而通过设置访问控制列表可以规定哪些数据包需要进行地址转换。例如，通过设置ACL只允许属于192.168.0.0/24网段的用户通过NAT转换访问外网。

（3）QoS（Quality of Service，服务质量）的数据分类：QoS是指网络转发数据报文的服务品质保障。新业务的不断涌现对IP网络的服务品质提出了更高的要求，用户已不再满足于简单地将报文送达目的地，而是希望得到更好的服务，如为用户提供专用带宽、减少报文的丢失率等。QoS可以通过ACL实现数据分类，并进一步对不同类别的数据提供有差别的服务。例如，通过设置ACL来识别语音数据包并对其设置较高优先级，就可以保障语音数据包优先被网络设备所转发，从而保障IP语音通话质量。

（4）路由策略和过滤：路由器在发布与接收路由信息时，可能需要实施一些策略，以便对路由信息进行过滤。例如，路由器可以通过引用ACL来对匹配路由信息的目的网段地址实施路由过滤，过滤掉不需要的路由而只保留必需的路由。

（5）按需拨号：配置路由器建立PSTN/ISDN等按需拨号连接时，需要配置触发拨号行为的数据，即只有需要发送某类数据时路由器才会发起拨号连接，这种对数据的匹配也通过配置和引用ACL来实现。

本章主要讲解MSR路由器基于ACL的包过滤防火墙的工作原理。

13.1.2 基于 ACL 的包过滤

1.基本工作原理

在路由器上实现包过滤防火墙功能的核心就是ACL。如图13-1所示，包过滤防火墙配置在路由器的接口上，并且具有方向性，每个接口的出站方向（Outbound）和入站方向（Inbound）均可配置独立的防火墙进行包过滤。

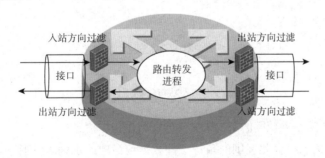

图 13-1　AC1.包过滤基本工作原理

当数据包被路由器接收时，就会受到入接口上入站方向的防火墙过滤；反之，当数据包即将从一个接口发出时，就会受到出接口上出站方向的防火墙过滤，当然，如果该接口该方向上没有配置包过滤防火墙，数据包就不会被过滤，而直接通过。

包过滤防火墙对进出的数据包逐个检查其IP地址、协议类型、端号等信息，与自身所引用的ACL进行匹配，根据ACL的规则设定丢弃或转发数据包。

注章： H3C交换机也支持ACL包过滤，但不同设备的ACL实现有细微差别。本书以MSR路由器为范例讲解ACL及包过滤防火墙功能的原理和配置。

2.ACL包过滤工作流程

包过滤防火墙的规则设定通过引用ACL来实现，一个ACL可以包含多条规则，每条规则都定义了一个匹配条件及其相应动作。

ACL规则的匹配条件主要包括数据包的源IP地址、目的IP地址、协议号、源端口号、目的端口号等；另外还可以有IP优先级、分片报文位、MAC地址、VLAN信息等。不同的ACL分类所能包含的匹配条件不同。

ACL规则的动作有两个——允许（permit）或拒绝（deny）。

当路由器收到一个数据包时，如果入站接口上没有启动包过滤，则数据包直接被提交给路由转发进程去处理；如果入站接口上启动了ACL包过滤，则将数据包交给入站防火墙进行过滤，其工作流程如图13-2所示。

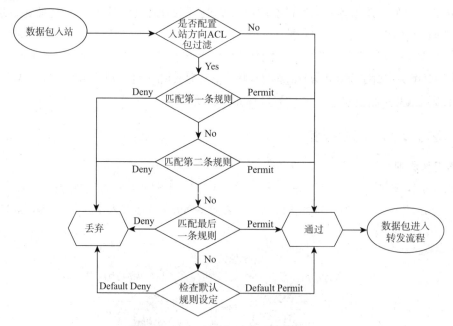

图 13-2　入站包过滤工作流程

（1）系统用ACL中第一条规则的条件来尝试匹配数据包中信息

（2）如果数据包信息符合此规则的条件（即数据包命中此规则），则执行规则所设定的动作，若动作为Permit，则允许此数据包穿过防火墙，将其提交给路由转发进程去处理；若动作为Deny，则丢弃此数据包。

（3）如果数据包信息不符合此规则的条件，则继续尝试匹配下一条ACL规则。

（4）如果数据包信息不符合任何一条规则的条件，则执行防火墙默认规则的动作——默认动作。若默认动作为Permit，则允许此数据包穿过防火墙，进入转发流程；若动作为Deny，则丢弃此数据包。

ACL包过滤防火墙具有方向性，可以指定对出站接口方向或入站接口方向的数据包过滤。

当路由器准备从某接口上发出一个数据包时，如果出站接口上没有启动包过滤，则数据包直接由接口发出；如果出站接口上启动了ACL包过滤，则将数据包交给出站防火墙进行过滤，其工作流程如图13-3所示。

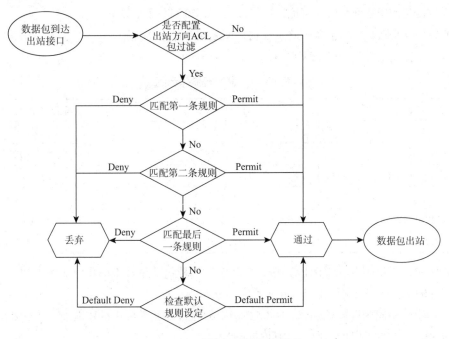

图 13-3　出站包过滤工作流程

（1）系统用ACL中第一条规则的条件来尝试匹配数据包中信息。

（2）如果数据包信息符合此规则的条件，则执行规则所设定的动作。若动作为Permit，则允许此数据包穿过防火墙出站；若动作为Deny，则丢弃此数据包。

（3）如果数据包信息不符合此规则的条件，则转下一条ACL规则继续尝试匹配。

（4）如果数据包信息不符合任何一条规则的条件，则执行防火墙的默认动作。若动作为Permit，则允许此数据包穿过防火墙出站；若动作为Deny，则丢弃此数据包。

默认动作用来定义对ACL以外数据包的处理方式，即在没有规则去判定用户数据包是否可以通过的时候，防火墙采取的策略是允许（Permit）还是拒绝（Deny）该数据包通过。默认动作可以通过命令进行修改。

13.1.3　通配符掩码

ACL规则都使用IP地址和通配符掩码来设定匹配条件。

通配符掩码也称反掩码。和子网掩码一样，通配符掩码也是由0和1组成的32比特数，也以点分十进制形式表示。通配符掩码的作用与子网掩码的作用相似，即通过与IP地址执行比较操作来标识网络；不同的是，通配符掩码化为二进制后，其中的1表示"在比较中可以忽略相应的地址位，不用检查"，地址位上的0表示"相应的地址位必须被检查"。

例如，通配符掩码0.0.0.255表示只比较相应地址的前24位，通配符掩码0.0.3.255表只比较相应地址的前22位。

在进行ACL包过滤时，具体的比较算法如下：

（1）用ACL规则中配置的IP地址与通配符掩码做异或（XOR）运算，得到一个地址X。

（2）用数据包的IP地址与通配符掩码做异或运算，得到一个地址Y。

（3）如果X=Y，则此数据包命中此条规则，反之则未命中此规则。

一些通配符掩码的应用示例如表13-1所示。

表 13-1　通配符掩码示例

IP 地 址	通配符掩码	表示的地址范围
192.168.0.1	0.0.0.255	192.168.0.0/24
192.168.0.1	0.0.3.255	192.168.0.0/22
192.168.0.1	0.255.255.255	192.0.0.0/8
192.168.0.1	0.0.0.0	192.168.0.1
192.168.0.1	255.255.255.255	0.0.0.0/0
192.168.0.1	0.0.2.255	192.168.0.0/24 和 192.168.2.0/24

例如，要使一条规则匹配子网192.168.0.0/24中的地址，其条件中的IP地址应为192.168.0.0，通配符掩码应为0.0.0.255，表明只比较IP地址的前24位。

再如，要使一条规则匹配子网192.168.0.0/22中的地址，其条件中的IP地址应为192.168.0.0，通配符掩码应为0.0.3.255，表明只比较IP地址的前22位。

配符掩码中的0和1可以是不连续的，从这种意义上说，"反掩码"的称呼并不精确。例如，通配符掩码0.0.2.255的二进制表现形式是00000000 00000000 00000010 11111111，表示IP地址的前22位和第24位必须比较，而第23位和末8位不比较。如果某规则的条件是IP地址192.168.0.1，通配符掩码0.0.2.255，表示其可以被子网192.1680.0/24和192.168.224中的地址命中。

13.2　ACL 的标识和分类

13.2.1　ACL 的标识

根据所过滤数据包类型的不同，MSR路由器上的ACL包含IPv4 ACL和IPv6 ACL。本章讲述IPv4 ACL，如无特别声明，本书所称的ACL均指IPv4 ACL。

在配置IPv4 ACL的时候，需要定义一个数字序号，并且利用这个序号来唯一标识一个ACL。ACL序号如表13-2所示。

表 13-2　ACL 序号

访问控制列表的分类	数字序号的范围
基本访问控制列表	2 000~2 999
扩展访问控制列表	3 000~3 999
基于二层的访问控制列表	4 000~4 999
用户自定义的访问控制列表	5 000~5 999

（1）基本ACL（序号为2 000~2 999）：只根据报文的源IP地址信息制定规则。

（2）高级ACL（序号为3 000~3 999）：根据报文的源IP地址信息、目的IP地址信息、IP承载的协议类型、协议的特性等三、四层信息制定规则。

（3）二层ACL（序号为4 000~4 999）：根据报文的源MAC地址、目的MAC地址、VLAN优先级、二层协议类型等二层信息制定规则。

（4）用户自定义ACL（序号为5 000~5 999）：可以以报文的报文头、IP头等为基准，指定从第几个字节开始与掩码进行"与"操作，将从报文提取出来的字符串和用户定义的字符串进行比较，找到匹配的报文。

指定序列号的同时，可以为ACL指定一个名称，称为命名ACL。命名ACL的好处是容易记忆，便于维护。命名ACL使用户可以通过名称唯一确定ACL，并对其进行相应的操作。

13.2.2　ACL 的分类

1.基本ACL

因为基本访问控制列表只根据报文的源IP地址信息制定规则，所以比较适用于过滤从特定网络来的报文的情况。

在图13-4所示的例子中，用户希望拒绝来自网络1.1.1.0/24的数据包通过，而允许来自网络2.2.2.0/28的数据包被路由器转发。这种情况下就可以定义一个基本访问控制列表，包含两条规则，其中一条规则匹配源IP地址1.1.1.0/24，动作是Deny；而另一条规则匹配源IP地址2.2.2.0/28，动作是Permit。

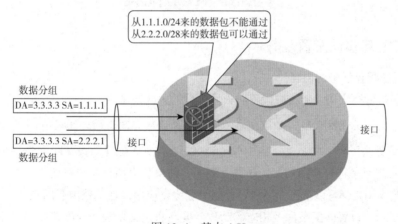

图 13-4　基本 ACL

2.高级ACL

高级ACL比较适合于过滤某些网络中的应用及过滤精确的数据流的情形。

在图13-5所示的例了中，用户希望拒绝从网络1.1.1.0/24到3.3.3.1的HTTP协议访问，而允许从同络1.1.1.0/24到2.2.2.1的Telnet协议访问。这种情况下就可以定义一个高级访问控制列表，其中的一条规则匹配源IP地址1.1.1.0/24、目的IP地址3.3.3.1/32、目的TCP端口80（HTTP）的数据包，动作是Deny；另一条规则匹配源IP地址1.1.1.0/24、目的IP地址2.2.2.1/32、目的TCP端口23（Telnet）的数据包，动作是Permit。

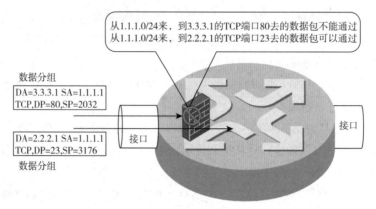

图 13-5　高级 ACL

3.二层ACL和用户自定义ACL

MSR路由器还支持二层ACL和用户自定义ACL。

例如，用户可以禁止802.1p优先级为3的报文通过路由器，而允许其他报文通过。因为IEEE 802.1p优先级是属于带有VLAN标签的以太帧头中的信息，所以可以使用二层ACL来匹配。

用户可以使用自定义ACL来禁止从以太帧头开始算起第13、14字节内容为0x0806的报文（ARP报文）通过。

13.3　ACL 配置

13.3.1　ACL 包过滤配置任务

1.ACL包过滤配置任务的内容

（1）启动包过滤防火墙功能，并设置防火墙默认的过滤规则。

注意：系统默认关闭防火墙，必须先启动防火墙并设置其默认的过滤规则。

（2）根据需要选择合适的ACL分类。不同的ACL分类所能配置的报文匹配条件是不同的，应该根据实际情况的需要来选择合适的ACL分类。例如，如果防火墙只需要过滤来自于特定网络的IP报文，那么选择基本ACL就可以了；如果需要过滤上层协议应用，那么就需要用到高级ACL。

（3）创建规则，设置匹配条件及相应的动作。要注意定义正确的通配符掩码以命中需要匹配的IP地址范围；选择正确的协议类型、端口号来命中需要匹配的上层协议应用；并给每条规则选择合适的动作。如果一条规则不能满足需求，那还需要配置多条规则并注意规则之间的排列顺序。

（4）在路由器的接口应用ACL，并指明是对入站接口还是出站接口的报文进行过滤。只有在路由器的接口上应用了ACL后，包过滤防火墙才会生效。另外，对于接口来说，可分为入站接口的报文和出站接口的报文，所以还需要指明是对哪个方向的报文进行过滤。

2.启动包过滤防火墙功能

虽然路由器系统内嵌了防火墙功能，但是默认情况下是关闭的，必须通过命令行的方式启动后才能生效。启动防火墙的命令如下：

[sysname] firewall enable

同时需要设置防火墙的默认动作。默认动作用来定义对访问控制列表以外数据包的处理方式，即在没有规则去判定用户数据包是否可以通过的时候，防火墙采取的策略是允许还是禁止该数据包通过。系统默认的动作是Permit，即没有命中匹配规则的数据报文被防火墙所转发。设置防火墙的默认动作的配置命令如下：

[sysname] firewall default { permit | deny }

3.配置基本ACl

基本访问控制列表的配置可以分为两部分。

（1）设置访问控制列表序列号，基本访问控制列表的序列号范围为2 000~2 999。

[sysname] acl number *acl-mumber*

（2）定义规则，允许或拒绝来自指定网络的数据包，并定义参数。

[sysname-acl-basic-2000] rule [*rule-id*] **{deny | permit}** [**fragment | logging | source** {*sour-addr sour-wildcard* | **any**} | **time-range** *time-name*]

其中主要的关键字和参数含义如下：

◇ deny：表示丢弃符合条件的报文。

◇ permit：表示允许符合条件的报文通过。

◇ fragment：分片信息，定义规则仅对非首片分片报文有效，而对非分片报文和首片分片报文无效。

◇ logging：对符合条件的报文可记录日志信息。

◇ source {*sour-addr sour-wildcard* | *any*}：指定规则的源地址信息，sour-addr表示报文的源IP地址，sour-wildcard表示反掩码，any表示任意源IP地址。

◇ time-range *time-name*：指定规则生效的时间段。

4.配置高级ACL

高级访问控制列表的配置可以分为两部分。

（1）设置访问控制列表序列号，高级访问控制列表的序列号范围为3 000~3 999。

[sysname] acl number *acl-number*

（2）配置规则，规则在基本访问列表的上增加了目的地址、协议号、端口操作符等信息。

[sysname-acl-adv-3000] rule [*rule-id*] **{ deny | permit }** *protocol* [**destination** { *dest-addr dest-wildcard* | **any**} | **destination-port** *operator port1* [*port2*] **established | fragment | source** {*sour-addr sour-wildcard* | **any** } | **source-port** *operator port1* [*port2*] | **time-range** *time-name*]

其中主要关键字和参数含义如下：

◇ deny：表示丢弃符合条件的报文。

◇ permit：表示允许符合条件的报文通过。

◇ protocol：IP承载的协议类型。用数字表示时，取值范围为0~255；用名字表示时，可以选取gre（47）、icmp（1）、igmp（2）、ip、ipinip（4）、ospf（89）、tep（6）、udp（17）。

◇ source（sour-addrs our-wildcard | any）：用来确定报文的源IP地址，用点分十进制表示。

◇ destination（dest-addr dest-wildcard | any）：用来确定报文的目的IP地址，用点分十进制表示。

◇ logging：对符合条件的报文可记录日志信息。

◇ portl、port2：TCP或UDP的端口号，用数字表示时，取值范围为0~65 535，也可以用文字表示。

◇ operator：端口操作符，取值可以为lt（小于）、gt（大于）、eq（等于）、neq（不等于）或者range（在范围内，包括边界值）。只有操作符range需要两个端口号做操作数，其他的只需要一个端口号做操作数。

◇ established：TCP连接建立标识。是TCP协议特有的参数，定义规则匹配带有ack或者rst标志的TCP连接报文。

13.3.2　ACL 规则的匹配顺序

一个ACL中可以包含多个规则，而每个规则都指定不同的报文匹配选项，这些规则可能存在动作冲突。由于ACL规则是依照一定次序匹配的，如果一个数据包命中多条规则，将以先命中的规则的动作为准。

ACL支持两种匹配顺序：

（1）配置顺序（config）：按照用户配置规则的先后顺序进行规则匹配。

（2）自动排序（auto）：按照"深度优先"的顺序进行规则匹配。即系统优先考虑地址范围小的规则。

在配置ACL的时候，系统默认的匹配顺序是config。可通过如下命令来配置ACL的匹配顺序。

[**sysname**] **acl number** *ac-number* [**match-order**（ **auto** | **config** ）]

同样的ACL，因为匹配顺序不同，会导致不同的结果。

在图13-6所示的例子中，ACL的匹配顺序是config，系统会按照用户配置规则的先后顺序进行规则匹配，所以主机1.1.1.1所发出的数据包被系统允许通过。

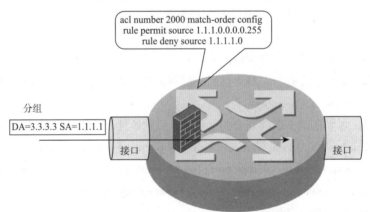

图 13-6　按配置顺序匹配数据包

在图13-7所示的例子中，虽然ACL规则和数据包与图13-6所示的例子完全相同，但因为匹配顺序是auto，系统会按照"深度优先"的规则来匹配。数据包将优先匹配IP地址范围小的第二条规则，所以路由器会丢弃源地址是1.1.1.1的数据包。

各种类型ACL的深度优先判断原则略有不同。

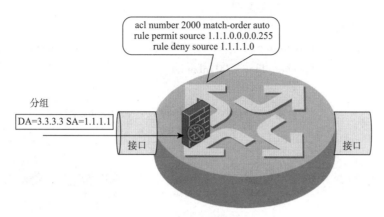

图 13-7　按自动排序匹配数据包

基本ACL的深度优先顺序判断原则如下：

（1）先比较源IP地址范围，源IP地址范围小（反掩码中0位的数量多）的规则优先。

（2）如果源IP地址范围相同，则先配置的规则优先。

高级ACL的深度优先顺序判断原则如下：

（1）先比较协议范围，指定了IP协议承载的协议类型的规则优先。

（2）如果协议范围相同，则比较源IP地址范围，源IP地址范围小（反掩码中0位的数量多）的规则优先。

（3）如果源IP地址范围也相同，则比较目的IP地址范围，目的IP地址范围小（反掩码中0位的数量多）的规则优先。

（4）如果目的IP地址范围也相同，则比较第4层端口号（TCP/UDP端口号）范围，端口号范围小的规则优先。

（5）如果上述范围都相同，则先配置的规则优先。

13.3.3　ACL 配置实例

在网络中部署ACL包过滤防火墙时，需要慎重考虑部署的位置。如果一个网络中有多台路由器，部署的原则是，尽量在距离源近的地方应用ACL以减少不必要的流量转发。

高级ACL的条件设定比较精确，应该部署在靠近被过滤源的接口上，以尽早阻止不必要的流量进入网络。

基本ACL只能依据源IP地址匹配数据包，部署位置过于靠近被拒源的基本ACL可能阻止该源访问合法目的。因此应在不影响其他合法访问的前提下，尽可能使ACL靠近被拒绝的源。

实例A：如图13-8所示，要求用户用高级ACL包过滤来实现阻断从主机PCA到NetworkA和NetworkB的数据包。

视 频 ●······

注意：在任意一台路由器上实施ACL都可以达到目的。但最好的实施位置是在路由器RTC的E0/0接口上，因为可以最大限度地减少不必要的流量处理与转发。

应当在RTC上配置如下：

[RTC] firewall enable

实例A 高级
ACL部署

●······

[RTC] acl number 3000

[RTC-acl-adv-3000]rule deny ip source 172.16.0.10 destination 192.168.0.0 0.0.1.255

[RTC-Ethernet0/0] firewall packet -fiter 3000 inbound

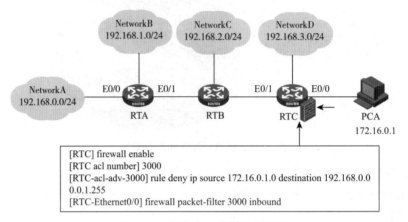

图 13-8　高级 ACL 部署位置示例

实例B：如图13-9所示，要求用户用基本ACL包过滤来实现阻断从主机PCA到NetworkA和NetworkB的数据包。

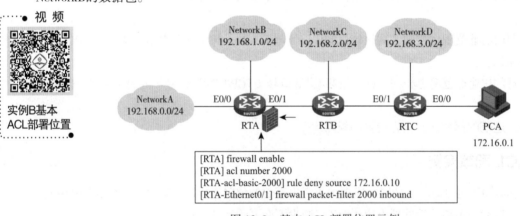

图 13-9　基本 ACL 部署位置示例

注意：如果仍在RTC的E0/0接口上配置入站方向的基本ACL过滤，则PCA将不能访问任何一个网络。如果在RTA的E0/0接口上配置出站方向的基本ACL过滤，则PCA虽然不能访问NetworkA，却仍然可以访问NetworkB。而在RTA的E0/1接口上配置入站方向的基本ACL过滤，则既可以阻止PCA访问NetworkA和NetworkB，也可以允许其访问其他所有网络。

如图13-9所示，应当在RTA上配置如下：

[RTA] firewall enable

[RTA] acl number 2000

[RTA-acl-basie-2000] rule deny source 172.16.0.10

[RTA-Ethernet0/1] firewall packet-filter 2000 inbound

小　结

✧ 包过滤防火墙使用ACL过滤数据包；ACL还可用于NAT、QoS、路由策略、按需拨号等。

✧ 基本ACL根据源IP地址进行过滤；高级ACL根据IP地址、IP协议号、端口号等进行过滤。

✧ ACL规则的匹配顺序会影响实际过滤结果。

✧ ACL包过滤防火墙的配置位置应尽量避免不必要的流量进入网络。

✧ ASPF可以根据应用层和传输层信息动态创建访问控制列表以精确控制报文转发。

习　题

选择题

1. 下列关于 ACL 包过滤的说法正确的有（　　　　）。

　　A. 基本 ACL 匹配 IP 包的源地址

　　B. 高级 ACL 可以匹配 IP 包的目的地址和端口号

　　C. 包过滤防火墙的默认规则总是 Permit

　　D. 包过滤防火墙的默认规则总是 Deny

2. 为某 ACL 配置了下列 4 条 ACL 规则，如果设置其匹配次序为auto,则系统首先将尝试用（　　　　）规则匹配数据包。

　　A. rule deny source 192.18.0.1 0.0.0.15　　　　B. rule permit source 192.18.0.0 0.0.0.63

　　C. rule deny source 192.18.0.1 0.0.1.255　　　　D. rule permit source 192.18.0.1 255.255.255.255

3. 要查看所配置的 ACL，应使用命令（　　　　）。

　　A. display firewall−statistics　　　　　　　B. display acl

　　C. display packet−filter　　　　　　　　　D. display firewall packet−filter

4. 某 ACL 规则为 rule deny source 10.0.0.0 0.0.7.255，该规则将匹配的 IP 地址范围为（　　　　）。

　　A. 10.0.0.0/16　　　　B. 10.0.0.0/22　　　　C. 10.0.0.0/8　　　　D. 10.0.0.0/21

5. 要配置 ACL 包过滤，必须（　　　　）。

　　A. 创建 ACL　　　　B. 配置 ACL 规则　　　　C. 启动包过滤防火墙功能　　　　D. 配置默认规则

6. 在路由器 MSR−1 上看到如下信息：

[MSR−1]display acl 3000

Advanced ACL 3000, named−none−, 2 rules,

ACL's step is 5

rule 0 permit ip source 192.168.1.0 0.0.0.255

rule 10 deny ip （19 times matched）

该 ACL 3000 已被应用在正确的接口及方向上。据此可知（　　　　）。

　　A. 这是一个基本 ACL

　　B. 有数据包流匹配了规则 rule 10

　　C. 至查看该信息时，还没有来自 192.168.1.0/24 网段的数据包匹配该 ACL

　　D. 匹配规则 rule 10 的数据包可能是去往目的网段 192.168.1.0/24 的

第 14 章
网络服务

本章首先介绍了网络服务概念、网络服务通信三种模式及网络服务操作系统；重点讲解了DHCP服务、DNS服务、Web服务和FTP服务的功能和使用，最后通过配置实例讲解了DHCP服务、DNS服务、Web服务和FTP服务的配置过程及注意事项，掌握网络服务的配置和管理。

学习目标

➤理解网络服务相关概念。

➤理解DHCP服务的功能，掌握DHCP服务的配置。

➤理解域名和主机完全合格域名的含义和区别。

➤理解域名解析的作用和原理，掌握Windows服务操作系统中DNS服务配置。

➤理解Web和FTP服务的功能，掌握Windows服务操作系统中Web和FTP服务配置。

14.1 网络服务概述

人们的日常生活和工作中已经离不开Internet，就是因为Internet上有丰富实用的资源可以满足人们的各种需要，这些资源可以是共享的信息资源、娱乐资源、软件资源和硬件资源。这些资源在网上是怎么进行存储、发布、转发和管理？我们可以从获取资源的用户变成提供服务和资源的高级用户吗？这需要我们掌握网络服务相关的理论，网络应用、服务的配置和管理。

14.1.1 网络服务相关概念

网络服务是指一些在网络上运行的、应用户请求向其转发或发布各种信息和数据的网络服务业务，主要通过客户机和服务器的通信并遵守网络通信协议来实现，如图14-1所示。客户机和服务器的通信模式主要有以下三种类型：

1.客户/服务器（Client/Server，C/S）模式

C指运行在客户机上的客户进程，S指运行在服务器上的服务进程，实质是客户进程和服务进程的交互通信模式，为了实现网络服务，服务进程处于守护状态，客户进程主动发起请求，服务进程响应请求，提供服务或资源。

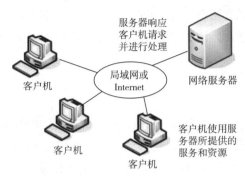

图 14-1　网络服务通信结构图

2.浏览器/服务器（Browser/Server，B/S）模式

B指客户端的浏览器进程，S指运行在服务器上的服务进程，实质是浏览器进程和服务进程的交互通信模式。B/S模式不需要在客户机上安装专门的客户端软件，用通用的浏览器即可，减轻了客户端软件的开发、部署、升级和维护成本，也方便用户使用。实际上B/S属于C/S的一种类型，浏览器只是特殊的客户端程序，B/S是对C/S的一种升级。

3.点对点（Peer to Peer，P2P）模式

P2P模式无中心服务器，节点之间地位平等，依靠用户节点之间直接交互信息和数据的服务模式。与有中心服务器的网络服务不同，对等网络中的每个用户端既是一个节点，也担当服务器的功能，如图14-2所示。这种模式弱化了服务器的角色，不再区分服务器和客户机的角色关系，节点之间可直接交换资源和服务，采用非集中式，各节点地位平等。通过在计算机上安装P2P软件来实现相应网络服务和应用，P2P软件有迅雷、BitTorrent、电驴、快车等。

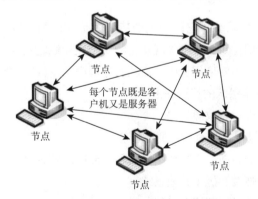

图 14-2　P2P 网络通信模式

网络服务器（Server）专指某些高性能计算机，安装专门的服务器操作系统和服务软件，承担网络中数据的存储、转发、发布和管理，通过网络对外提供不同服务的计算机，是网络服务和管理的基础和核心。计算机作为网络服务器在硬件配置上很多优势，采用多处理器多核，服务器内存可达128 GB或更高，硬盘容量以TB为单位，硬盘接口类型采用SATA（Serial Advanced Technology

Attachment）接口或SAS（Serial Attached SCSI）接口，即串行附件SCSI接口，是新一代的SCSI技术，和现在流行的SATA硬盘相同，都是采用串行技术以获得更高的传输速度，并通过缩短连接线改善内部空间等。硬盘采用独立磁盘冗余阵列（Redundant Array of Independent Disks，RAID）技术，构成一个磁盘组，有专门的处理器，读取速度、安全性和冗余性有很大提高，电源、风扇也采用冗余设计。

14.1.2　网络操作系统

网络操作系统是在网络环境下实现对网络资源管理和控制的操作系统，是用户与网络资源之间的接口，它使网络上计算机能方便而有效地共享网络资源，为网络用户提供所需的各种服务和应用。网络操作系统与通常的操作系统有所不同，它除了应具有通常操作系统全部功能外，还应提供高效、可靠的网络通信能力和提供多种网络服务功能，如文件共享服务、Web服务、DNS服务、电子邮件服务、网络打印服务功能等。目前主要存在以下几类网络操作系统。

1.Windows网络操作系统

微软公司的Windows系统不仅在个人操作系统中占有绝对优势，它在网络操作系统中也具有非常强劲的力量。这类操作系统配置在整个局域网配置中是最常见的，但由于它对服务器的硬件要求较高，且稳定性不是很高，所以微软的网络操作系统一般只是用在中低档服务器中。微软的网络操作系统主要有Windows Server 2003、Windows Server 2008和Windows Server 2012等。

2.UNIX网络操作系统

UNIX网络操作系统稳定和安全性能非常好，但由于它多数是以命令方式来进行操作的，不容易掌握，特别是对于初级用户而言。正因如此，小型局域网基本不使用UNIX作为网络操作系统，UNIX系统一般用于大型的网站或大型的局域网中。UNIX网络操作系统历史悠久，其良好的网络管理功能已为广大网络用户所接受，拥有丰富的应用软件支持。

3.Linux操作系统

这是一种新型的网络操作系统，它的最大的特点就是源代码开放，可以免费得到许多应用程序。在国内得到了用户充分的肯定，主要体现在它的安全性和稳定性方面，它与UNIX有许多类似之处。但这类操作系统目前使用主要应用于中、高档服务器中。发行版主要有Redhat Enterprise Linux、CentOS和Ubuntu等。Linux操作系统的特点如下：

（1）是开放性的自由软件，开放源代码。

（2）把CPU性能发挥到极限，具有出色的高速度。

（3）具有良好的用户命令界面、系统调用界面和图形用户界面KDE和GNOME。

（4）通信和网络功能很强大，优于其他系统。

（5）系统可在任何平台和任何环境上运行。

（6）安全性、稳定性、可靠性好。

14.2　DHCP服务

在TCP/IP网络中，每台计算机必须拥有唯一的IP地址。设置IP地址可以采用两种方式：一种是手工配置IP地址等参数，这种方式容易出错，配置的地址容易冲突，对于非计算机专业的人有一定配置难度；另一种是由网络中服务器自动给客户机分配IP地址，适用于规模较大的网络、移动网络或经常变动的网络会用到DHCP服务。

14.2.1　DHCP 概述

DHCP（Dynamic Host Configuration Protocol，动态主机配置协议）是TCP/IP层次模型的应用层协议，是一种用于简化网络内主机获得IP地址等相关配置参数的协议。通过DHCP服务器为网络上启用自动获得IP地址的客户机自动分配IP地址和其他的相关上网参数。

DHCP服务基于客户/服务器的通信模式，DHCP服务器为DHCP客户端提供自动分配IP地址的任务，DHCP服务器既可以为直连子网分配IP地址，也可以跨网络通过中继功能为另一个子网分配IP地址。图14-3所示DHCP服务器为网络1客户端可以直接分配IP地址等参数，为网络2客户端分配IP地址要通过路由器或三层交换机的中继功能完成。

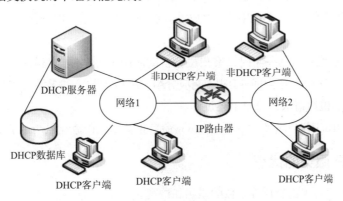

图 14-3　DHCP 服务结构图

14.2.2　DHCP 工作原理

（1）第一次启用DHCP功能的客户端和DHCP服务器通过以下通信过程完成IP地址等上网参数的分配。具体通信过程如下：

① 客户端IP租用请求阶段：DHCP客户端广播一个请求发现分组，向本网络上的任意一个DHCP服务器请求提供IP租约。此分组源IP地址为0.0.0.0，源端口为68，目的IP地址为广播地址255.255.255.255，目的端口为67。即：

Src=0.0.0.0　sPort=68　　Dest=255.255.255.255 DPort=67

② 服务端IP租用提供阶段：网络上所有的DHCP服务器均会收到此广播请求，每台DHCP服务器回应一个响应分组，提供一个IP地址给客户端。此分组源IP地址为服务器IP地址（假设为192.168.1.1），源端口为67，目的IP地址为广播地址255.255.255.255，目的端口为68。即：

Src=192.168.1.1 sPort=67　　Dest=255.255.255.255 DPort=68

③ 客户端IP租用选择阶段：客户端可能收到多个DHCP服务器提供的IP地址，从收到的第一个响应消息中选中服务器提供的IP地址，并向网络中广播一个请求分组，表明自己已经接受了一个

DHCP服务器提供的IP地址，该广播包中包含所接受的IP地址和提供此地址的服务器IP地址，也告知没有被选中的DHCP服务器收回自己预分配的IP地址。此分组源IP地址为0.0.0.0，源端口为68，目的IP地址为广播地址255.255.255.255，目的端口为67。即：

Src=0.0.0.0　sPort=68　　Dest=255.255.255.255　DPort=67

④ 服务端IP租用确认阶段：被客户机选中的DHCP服务器在收到客户机请求广播分组后，广播返回给客户机一个响应分组，表明已经接受客户机的选择，并将这一IP地址的合法租用及其他的配置信息都放入该广播分组广播发送给客户机。客户机在收到服务器响应分组后，会使用该广播分组中的信息来配置自己的TCP/IP地址，则租用过程完成，客户机可以在网络中使用获得的IP地址通信。此分组源IP地址为服务器IP地址（假设为192.168.1.1），源端口为67，目的IP地址为广播地址255.255.255.255，目的端口为68。即：

Src=192.168.1.1　sPort=67　Dest=255.255.255.255　DPort=68

（2）DHCP客户机续租IP地址的过程，DHCP服务器分配给客户机的IP地址是有使用期限的，只能在一段有限的时间内使用，DHCP协议称这段时间为租用期。租约将到期时有自动续订和人工续订两种续订方式。

① 自动续订：租约期限到一半时，客户机会自动向DHCP服务器发送DHCP 请求分组，如果此IP地址继续有效，DHCP服务器会回应DHCP响应分组，完成续约。如果没有完成续约，则租约期限到3/4时，再重新发起租约请求，重复上述过程。

② 人工续订：DHCP客户端使用ipconfig/renew命令重新发起IP地址租约请求。

14.2.3　DHCP 服务的优点

视　频

基于Windows
Server 2008系
统DHCP服务
配置（1）

（1）避免人工配置IP等参数的错误和冲突。

（2）减轻管理员配置管理负担。

（3）便于对经常移动的计算机和终端进行TCP/IP上网参数自动配置。

（4）有助于解决IP地址不够用的问题，提高IP地址使用效率。

14.2.4　DHCP 配置实例

配置实例1：Windows Server 2008 R2系统中DHCP服务器配置。

（1）实验目的：

① 通过实验进一步理解DHCP服务功能。

② 掌握Windows Server 2008 R2系统中DHCP服务器配置。

③ 掌握ipconfig /all、ipconfig /renew 和ipconfig /release命令的使用。

（2）实验环境：

① 物理机一台作为宿主机，宿主机中安装VMware Workstation 12.0虚拟机软件构建虚拟机，虚拟机中安装Windows Server 2008 R2作为DHCP服务器。

视　频

基于Windows
Server 2008系
统DHCP实验
环境设置（2）

② 通过虚拟机管理界面设置虚拟机和宿主机通信模式为仅主机模式，构建和外网隔离的内网实验环境，在宿主机上启用VMnet1虚拟网卡，禁用默认的DHCP服务，保证DHCP服务器唯一性。

③ DHCP服务软件使用Windows Server 2008 R2系统内置的DHCP服务组件。

（3）实验参数：

① DHCP服务器IP地址等参数：192.168.218.1/24，默认网关为192.168.218.254，DNS服务器为202.102.192.68。

② DHCP服务器为直连子网分配的IP地址范围为192.168.218.10/24~192.168.218.100/24，分配的网关地址为192.168.218.254，DNS服务器地址为202.102.192.68，租约期限为2小时，其他参数设置默认。

（4）实验步骤：

① 按上面给的参数配置DHCP服务器的IP地址等参数，也可以根据自己的网络环境自行规划。

② 安装DHCP服务组件。单击任务栏服务器管理器图标，选择添加角色，选中DHCP，按向导完成。

③ DHCP服务器的配置：在"开始"菜单中选择管理工具，打开DHCP管理控制台，选中DHCP服务器，新建作用域，按向导完成配置。

注意：作用域就是定义一组分配给客户端的IP地址等参数集合，一个作用域对应一个子网，可以创建多个作用域为多个子网分配IP地址。

④ 给作用域起名（如subnet1），或自己任意描述。

⑤ 按规划的参数设置分配的IP地址池范围。

⑥ 设置排除地址范围：192.168.218.50/24~192.168.218.60/24。

⑦ 租约期限设定2小时。

⑧ 选择现在配置这些作用域选项，默认网关地址为192.168.218.254，再选择添加。

⑨ DNS服务器地址配置为202.102.192.68，其他选项不变。

⑩ 其他默认，然后按向导完成配置，并激活作用域。

（5）实验验证：

首先在客户机上启用DHCP功能，用ipconfig /all命令查看获得的地址等信息，观察分配地址的DHCP服务器地址是多少。

用ipconfig /release命令释放获得的参数，再用ipconfig /all命令查看地址是否释放成功。

在客户端用ipconfig /renew命令重新获得参数，再用ipconfig /all命令查看是否获得地址。

（6）客户保留：

选中客户保留，右击并在弹出菜单中选择新建保留，在对话框中自定义保留名称，IP地址可设为192.168.218.88，MAC地址可通过ipconfig /all命令查看客户端的MAC地址，支持类型为DHCP，然后单击添加完成设置。

验证：在客户端用ipconfig /release命令释放地址；再用ipconfig/renew命令重新获得地址，看能否获得客户保留指定的IP地址192.168.218.88。

注意：客户保留是为了实现给某个客户机每次分配固定的IP地址，在DHCP服务器上建立客户保留实质就是用某个固定IP地址和客户机的MAC地址作绑定。

（7）建立第二个作用域：

①为其他子网分配IP地址，子网网络地址为192.168.210.0/24~192.168.210.0/24，分配网关设置为192.168.210.254，DNS服务器地址设置为8.8.8.8。

②建立超级作用域，把上面建立的两个作用域合并为超级作用域。

注意：超级作用域就是把两个或两个以上作用域合并为一个作用域，便于管理。

（8）实验思考：

①怎么理解作用域？

②作用域选项和服务器选项指什么？两者有什么区别？

③客户保留有什么用？

配置实例2：H3C路由器和三层交换机上的DHCP服务配置。

（1）实验目的：

①通过实验进一步理解DHCP服务功能。

②掌握交换机和路由器中DHCP服务配置。

③掌握ipconfig /all 、ipconfig /renew 和ipconfig /release命令的使用。

（2）实验环境：

Windows系统客户机一台，H3C系列以太网交换机两台，一台支持三层功能，H3C MSR 2011路由器一台，网线若干，Console配置线若干。

（3）实验拓扑图如图14-4所示。

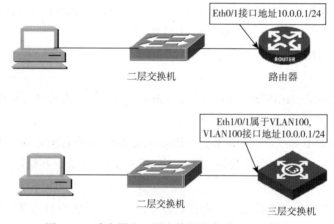

图 14-4　路由器和三层交换机上实现 DHCP 服务

（4）实验参数：

如图14-4所示，H3C MSR 2011路由器接口Eth0/1和H3C S3600系列以太网交换机VLAN100接口IP地址为10.0.0.1/24，为直连子网10.0.0.0/24分配地址，除去10.0.0.1 ~10.0.0.10/24和 10.0.0.200 ~10.0.0.254/24两个网段地址作为其他用途，分配的网关地址10.0.0.254，DNS服务器地址202.102.192.68。

（5）实验步骤：

①路由器作为DHCP服务器的配置：

[router]interface Ethernet 0/1

[router]ip address 10.0.0.1 24

[router]dhcp enable

[router]dhcp server forbidden-ip 10.0.0.1 10.0.0.10

[router]dhcp server forbidden-ip 10.0.0.200 0.0.0.254

[router]dhcp server ip-pool 1

[router-dhcp-pool-1]network 10.0.0.0 mask 255.255.255.0

[router-dhcp-pool-1]gateway-list 10.0.0.254

[router-dhcp-pool-1]dns-list 202.102.192.68

② 三层交换机作为DHCP服务器的配置：

[switch]vlan 100

[switch]interface Ethernet 1/0/1

[switch-eth1/0/1]port access vlan 100

[switch]interface vlan 100

[switch-vlan100]ip address 10.0.0.1 24

[switch]dhcp enable

[switch]dhcp server forbidden-ip 10.0.0.1 10.0.0.10

[switch]dhcp server forbidden-ip 10.0.0.200 10.0.0.254

[switch]dhcp server ip-pool 1

[switch-dhcp-pool-1]network 10.0.0.0 mask 255.255.255.0

[switch-dhcp-pool-1]gateway-list 10.0.0.1

[switch-dhcp-pool-1]dns-list 202.102.192.68

（6）实验验证：

① 在客户机上启用DHCP功能，用 ipconfig /all命令查看能否获得DHCP服务器分配的地址。

② 用ipconfig /release命令释放，再用ipconfig /renew命令获得，再用ipconfig /all命令查看。

（7）实验思考：

① 网络设备和Windows Server 2008 R2系统上配置DHCP服务有什么区别？

② 网络设备上配置客户保留怎么实现？

配置实例3：路由器或交换机的中继代理功能配置。

（1）实验目的：

① 通过实验进一步理解中继的功能。

② 掌握交换机和路由器中DHCP中继服务配置。

（2）实验环境：

Windows系统客户机一台，Windows Server 2008 R2服务器一台，H3C S3600-SI 系列以太网交换机一台，具有三层功能，网线若干，Console配置线若干。

（3）实验拓扑图如图14-5所示。

（4）实验参数：

① 如图14-5所示，DHCP服务器IP地址为192.168.1.10/24，默认网关为192.168.1.100/24；作用域对应的地址池为10.0.0.0/24，网关地址10.0.0.1/24，DNS服务器地址设置为202.102.192.68。

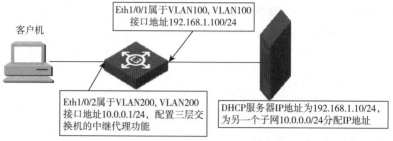

图 14-5　DHCP 服务中继功能配置示意图

② 交换机上VLAN100接口地址为192.168.1.100/24，VLAN200接口地址为10.0.0.1/24。

（5）实验步骤：

① 三层交换机配置：

[switch]vlan 100

[switch]vlan 200

[switch]interface Ethernet 1/0/1

[switch-eth1/0/1]port access vlan 100

[switch]interface Ethernet 1/0/2

[switch-eth1/0/2]port access vlan 200

[switch]interface vlan 100

[switch-vlan100]ip address 192.168.1.100 24

[switch]interface vlan 200

[switch-vlan200]ip address 10.0.0.1 24

[switch]dhcp enable

[switch]dhcp relay server-group 1 ip 192.168.1.10

[switch]interface vlan 200

[switch-vlan200]dhcp select relay

[switch-vlan200]dhcp relay server-select 1

② DHCP服务器IP地址等参数配置略。

③ DHCP服务器上作用域配置参考配置实例1。

（6）实验验证：

① 在客户机上启用DHCP功能，用 ipconfig /all命令查看能否获得DHCP服务器分配的地址。

② 在客户端DOS命令行窗口，用ipconfig /release命令释放获得的地址，再用ipconfig /renew命令重新获得地址，再用ipconfig /all命令查看获得的地址。

（7）实验思考：

网络设备的中继功能用于解决什么问题？

14.3　DNS 服务

我们在配置计算机上网参数时，除了配置IP地址等参数外，还要配置DNS（Domain Name System，DNS）服务器地址。如果不配置DNS服务器地址或DNS服务器地址配置错误，打开浏览器输入诸如www.baidu.com或www.sohu.com等网址时，能否打开网站网页呢？为了理解DNS服务功能，先学习域名的相关知识。

14.3.1　域名和 FQDN 的含义

域名是单位、机构、组织或个人向Internet管理机构上注册自己的网络系统时，使用一个唯一的、易于记忆的、形象的、直观的名称来标识自己的网络。例如，qq.com、tsinghua.edu.cn、cctv.com、ibm.com等域名都是用来标识一个网络系统。

如果还要标识某个网络内提供特定服务的主机怎么办呢？如提供WWW（World Wide Web，WWW）服务的主机、提供视频服务的主机、提供邮件服务的主机呢？可通过主机完全合格域名（Fully Qualified Domain Name，FQDN）来标识提供特定服务的主机。FQDN由主机名和域名组合而成，反映某个网络内提供特定服务的主机。例如，由主机名www和域名qq.com构成一个FQDN为www.qq.com，表示qq.com网络中提供万维网服务的WWW主机。同样，vod.ifeng.com表示ifeng.com网络中提供视频服务的vod主机，mail.cctv.com表示cctv.com网络中提供邮件服务的主机mail，主机名vod和mail只是为了形象表示此主机提供网络服务的功能，不是必需的。也可以用其他的主机名代替。这里的主机是指一台高性能的计算机，也称服务器。

一个主机完全合格域名FQDN由26个英文字母、10个阿拉伯数字或"__"符号构成，整个FQDN分成若干部分，每部分之间用点分隔，每部分最多不能超过63个字符，总长度不能超过255个字符，现在也支持含有中文的FQDN，下面是一些FQDN例子。

➢www.163.com。

➢www.mamashuojiusuannizhucedeyumingzaichangbaidudounengsousuochulai.cn。

➢3.14159265358989323846264338327950288419716939937510582097494 4592.com。

➢www.合肥.cn。

➢www.端午节.com 。

14.3.2　FQDN 结构

一个FQDN的各个部分是按照一定级别组织起来，包括顶级域名、二级域名、三级域名等，通过域名的级别划分，一个完全合格域名FQDN可表示为

…　….四级域名.三级域名.二级域名.顶级域名

例如，www.tsinghua.edu.cn中，cn是顶级域名，表示中国；edu.cn二级域名，表示教育机构或部门；三级域名tsinghua.edu.cn表示清华大学网络系统；www.tsinghua.edu.cn表示清华大学网络中提供万维网服务的服务器。FQDN是分级别构成的，每部分代表不同的含义。其中国际组织规定的顶级域名分为两类：一类是国家和地区顶级域名，200多个国家和地区都按照国家和地区代码分配了顶级域名，

例如中国是cn，美国是us，日本是jp等。另一类是国际顶级域名，例如表示工商企业的.com，表示网络提供商的.net，表示非营利组织的.org，表示教育机构的.edu，作为顶级域名美国专用。为加强域名管理，解决域名资源的紧张，互联网管理机构等国际组织经过广泛协商，新增加了一些国际通用顶级域名。

- .biz 用于公司和企业。
- .coop 用于合作团体。
- .info 适用于各种情况。
- .museum 用于博物馆。
- .name 用于个人。
- .pro 用于会计、律师和医师等自由职业者。
- .aero 用于航空运输。

14.3.3 域名的申请注册

域名使用首先要申请注册，才能保证唯一性和合法性。注册域名遵循先申请先注册原则，注册域名要搞清是在顶级域名下注册二级域名还是在二级域名下注册三级域名。在域名的构思选择过程中，需要一定的创造性劳动，使得代表自己公司的域名简洁并具有吸引力，以便使公众熟知并对其访问，从而达到扩大企业知名度、促进经营发展的目的。可以说，域名不是简单的标识性符号，而是企业商誉的凝结和知名度的表彰，域名的使用对企业来说具有丰富的内涵，远非简单的"标识"二字可以概况。

当然，相对于传统的知识产权领域，域名是一种全新的客体，具有其自身的特性。例如，域名的使用是全球范围的，没有传统的严格地域性的限制；从时间性的角度看，域名一经获得即可永久使用。域名在网络上是绝对唯一的，一旦取得注册，其他任何人不得再注册、使用相同的域名，因此其专有性也是绝对的；另外，域名非经法定机构注册不得使用，把域名作为知识产权的客体也是科学和可行的，在实践中对于保护企业在网络上的相关合法权益是有利而无害的。我们可以通过万网、新网、易名中国或西部数码等注册商网站注册域名，这些域名注册商都已被授权管理和运营相关顶级域名的业务。

14.3.4 DNS 域名解析原理

通过主机完全合格域名FQDN能访问网络中提供服务的主机，如果知道目的主机IP地址也能访问到主机。采用友好的域名是便于人的记忆和查找，在计算机网络中两个不同进程之间的通信只能识别数字形式的IP地址，是不能识别FQDN的。那么，在浏览器地址栏输入目的主机FQDN后，客户机怎么把目的主机FQDN解析成目的主机IP地址呢？

当我们用客户机上网打开浏览器在地址栏输入目的主机FQDN时，计算机并不能识别此目的地址，必须有一套系统把这种形式的目的地址转换成数字形式的IP地址，才能完成计算机之间的通信。这套系统就是域名解析系统，它包括客户端解析程序、服务器端服务程序、域名服务器中的FQDN和IP地址映射的资源记录信息，如图14-6所示。

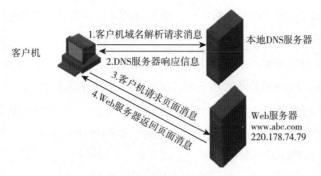

图 14-6　DNS 解析过程示意图

（1）客户端用www.abc.com访问一个Web服务器时，首先调用客户端DNS解析程序，解析程序向本地DNS服务器发送域名解析请求信息，此请求消息含有被解析的www.abc.com。

（2）DNS服务器程序响应客户端的解析请求消息，根据www.abc.com查找自己的资源记录信息，获得主机名www对应的IP地址转发给客户端。

（3）客户端获得Web服务器的IP地址，主动发起和Web服务器的通信，向Web服务器发送请求页面的消息。

（4）Web服务器通过HTTP协议传输页面资源到客户端，客户端获得请求的页面，用浏览器浏览网页信息。

14.3.5　DNS 域名详细解析过程

上面只是简单分析整个解析系统的工作过程，其实在FQDN被解析过程中单个域名服务器往往无法完成解析，需要借助Internet上多个域名服务器的协作分工才能完成整个主机域名的解析，而且这些域名服务器在网络上只管理相应级别层次的域名，完成解析结果过程中的部分功能。当客户机上网在浏览器地址栏输入www.abc.com时，将按以下通信过程完成FQDN解析，如图14-7所示。

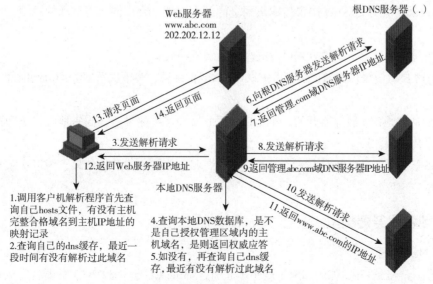

图 14-7　DNS 域名解析详细通信过程

（1）客户机首先调用DNS客户端解析程序，查询客户机hosts文件，如果能查询到www.abc.com到IP地址的映射记录，则返回IP地址，否则进行下一步。

注意：早期互联网网络规模小，主机名解析主要通过客户端hosts文件完成，没有专门的解析系统，随着网络规模增大，hosts文件解析已不满足要求，但仍然保留下来。

（2）DNS客户端解析程序查询自己的DNS缓存，最近一段时间内如果解析过此FQDN，则缓存中保存有FQDN到IP地址的映射消息记录，可返回IP地址，否则进行下一步。

（3）DNS客户端解析程序发送解析请求消息到本地DNS服务器，否则进行下一步。

（4）本地DNS服务器收到请求消息，查询本地DNS数据库，查看是不是自己授权管理区域内的FQDN，如是则返回权威应答消息，否则进行下一步。

（5）本地DNS服务器再查询自己的DNS缓存，最近一段时间内如果解析过此FQDN，则缓存中保存有FQDN到IP地址的映射消息记录，可返回IP地址，但返回的不是权威应答消息，否则进行下一步。

（6）本地DNS服务器代理DNS客户端向根DNS服务器发送域名解析请求消息。

（7）根DNS服务器并不直接对此域名进行解析，通过响应消息返回管理.com域的DNS服务器IP地址给本地DNS服务器。

（8）本地DNS服务器再向管理.com域的DNS服务器的发送域名解析请求消息。

（9）管理.com域的DNS服务器通过响应消息返回管理二级域名.abc.com的DNS服务器IP地址给本地DNS服务器。

（10）本地DNS服务器再向管理二级域名.abc.com的DNS服务器发送域名请求消息。

（11）管理二级域名.abc.com的DNS服务器查询自己的数据库，通过响应消息返回www.abc.com对应的IP地址给本地DNS服务器。

（12）本地DNS服务器把解析获得的Web服务器IP地址通过响应消息给DNS客户机。

（13）客户端获得Web服务器的IP地址，主动发起和Web服务器的通信，向Web服务器发送请求页面的消息。

（14）Web服务器通过HTTP协议传输页面资源到客户端，客户端获得请求的页面，用浏览器浏览网页信息。

域名解析过程中有以下几种方式可以提高域名解析的效率：

（1）DNS客户机的缓存技术，缓存上一次FQDN解析结果，为下次重复查询节约时间，提高响应速度。

（2）解析从本地DNS服务器开始，本地DNS服务器和客户端一般在同一地区，物理距离近，请求和响应消息传输快。

（3）DNS服务器的高速缓存技术，缓存其他DNS服务器响应的解析结果，为下次重复查询节约时间，提高响应速度。

14.3.6　域名服务器类型

1.本地DNS服务器

一个单位、企业或ISP，如中国电信或中国联通，都可以配置本地DNS服务器，完成本地区域网络中客户机的域名解析请求，是客户机的首选DNS服务器，因为本地意味着客户机和服务器物理距离较近，请求和响应消息能很快到达彼此对方。实际上也可以配置其他地区DNS服务器地址，甚至国外的DNS服务器。这里给大家推荐两个DNS服务器地址：114.114.114.114国内公用DNS服务器地址；8.8.8.8美国谷歌公司公用DNS服务器的地址。

2.授权DNS服务器

需要域名的单位、机构或个人必须向域名服务商申请注册域名。域名服务商的DNS服务器保存FQDN到IP地址的映射信息，授权对区域内的主机完整域名进行解析，通常这类服务器称为授权DNS服务器，授权DNS服务器直接返回的应答是权威性应答。

3.根DNS服务器

在书写完整域名时，最后应该以"."结尾，"."就是表示最高级别的根DNS服务器。根DNS服务器用来管辖所有的顶级域名服务器，根DNS服务器并不直接解析域名，但它能返回管理顶级域的DNS服务器的IP地址。当前在因特网上有13套主根域名服务器装置，在世界各地有主根DNS服务器的镜像服务器。

4.顶级域名DNS服务器（如.cn）

用来管理二级域名的DNS服务器，顶级域名服务器也不直接解析域名，能返回管理二级域名的DNS服务器IP地址。顶级域名服务器（如.cn）保存有管理.edu.cn二级域名的DNS服务器地址。

通过以上的分析，每个域名服务器都对应管理相应级别的域名，它们之间通过相互协助完成整个互联网域名的解析，根域名服务器和顶级域名服务器一般不直接解析域名，但能管理下属级别的DNS服务器。

14.3.7 DNS 服务器配置实验

视频

基于Windows
Server 2008
系统DNS服
务配置和测试

（1）实验目的：

① 通过实验理解域名系统的工作原理。

② 掌握Windows Server 2008 R2系统域名服务器的配置。

③ 掌握在客户端用nslookup命令测试DNS服务器。

④ 掌握ipconfig /displaydns命令和ipconfig /flushdns命令的功能和使用。

⑤ 通过实验理解DNS服务器中的资源记录类型。

（2）实验环境：

① 物理机一台作为宿主机，宿主机中安装Vmware Workstation 12.0虚拟机软件构建虚拟机，虚拟机中安装Windows Server 2008 R2作为DNS服务器，宿主机作为客户机验证DNS服务器。通过虚拟机管理界面设置虚拟机和宿主机通信模式为桥接模式，桥接到宿主机物理网卡。

注意：桥接模式虚拟机默认自动桥接到处于激活状态的宿主机物理网卡，通过桥接的物理网卡可以直接访问外网，前提物理网卡配置的IP地址能访问外网。

② DNS服务软件使用Windows Server 2008 R2系统内置的DNS服务组件。

（3）实验参数：

按以下资源记录类型完成配置：

主机记录：域名：abc.com 主机名：server　IP地址：220.178.74.89

别名记录：别名：www　对应主机完全域名：server.abc.com

别名记录：别名：ftp　　对应主机完全域名：server.abc.com

主机记录：域名：sss.com 主机名：mail1　IP地址：220.178.74.79

MX记录：邮件域：sss.com 优先级 10 主机完整域名 mail1.sss.com

主机记录：域名：sss.com 主机名：mail2　IP地址：220.178.74.80

MX记录：邮件域：sss.com 优先级20 主机完整域名 mail2.sss.com

泛域名记录：域名：sss.com主机名：* IP地址：220.178.74.88

（4）实验步骤：

① 配置虚拟机（DNS服务器）IP地址。配置虚拟机IP地址和宿主机物理网卡IP地址在一个网段，子网掩码、默认网关和客户机配置相同，虚拟机的DNS服务器地址设置为自己的IP地址。

② 安装DNS服务软件。通过任务栏服务器管理器图标，打开窗口，选中角色，添加角色，选中DNS服务器，按向导完成安装。

③ 创建区域。通过开始→管理工具→DNS菜单命令，打开DNS配置管理器，单击+号展开所有选项，选中正向查找区域，右击并在弹出的快捷菜单中选择新建区域，按向导选择主要区域，输入区域名称abc.com，可理解为网络域名，完成区域创建。用同样的方法再创建sss.com、iss.com两个区域。

注意：正向查找区域是指响应客户端递交的FQDN，解析为IP地址响应给客户端，在此区域添加正向查找资源记录，即FQDN到IP地址的映射记录；反向查找区域是指响应客户端递交的IP地址，解析为FQDN响应给客户端，在此区域添加反向查找资源记录，即IP地址到FQDN的映射记录。主要区域建立主DNS服务器，可进行区域内映射记录的添加、更新、删除操作；辅助区域建立备份DNS服务器，数据来源于主DNS服务器，平衡主DNS服务器的工作量，提供容错。存根区域用于建立缓存DNS服务器，没有资源记录，只缓存其他DNS服务器转发的解析记录，提高解析速度，加快响应时间。

④ 添加abc.com区域A记录。选中正向查找区域下abc.com区域，右击并在弹出的快捷菜单中选择新建主机命令，在对话框中的名称文本框中输入主机名server，在IP地址文本框中填写该主机的IP地址220.178.74.89，然后单击添加主机按钮，添加主机名 server和IP地址220.178.74.89的映射。

⑤ 添加abc.com区域中CNAME别名记录。选中正向查找区域下abc.com区域，右击并在弹出的快捷菜单中选择"新建别名"命令，在对话框中的别名文本框中输入主机别名www，在FQDN文本框中输入server.abc.com。以同样的方法为主机server新建别名ftp记录。

注意：别名用于标识同一主机的不同服务类型，多个别名可映射到一个IP地址，也便于以后更改别名所映射的IP地址。

⑥ 添加sss.com区域的A记录。用同样方法为区域sss.com添加主机名mail1和mail2到IP地址220.178.74.79和220.178.74.80映射记录。

⑦ 建立mail1主机对应的邮件交换记录MX。选中正向查找区域下的sss.com区域，右击并在弹出的快捷菜单中选择新建邮件交换器MX命令，在新建资源记录对话框中的主机或子域文本框值设置

为空，FQDN文本框值设置为mail1.sss.com，邮件服务器优先级文本框值设置为10，然后单击"确定"按钮，新建的邮件交换器记录将显示在主窗口右侧的列表中。用同样的方法建立mail2主机对应的邮件交换记录MX，优先级为20。

注意：邮件交换记录为电子邮件服务器专用，在建立MX记录之前需要为邮件服务器创建相应的主机记录，设置优先级是由于一个网络中可能有多台邮件服务器，DNS服务器收到客户机发送的邮件域sss.com的解析请求，DNS服务器优先返回sss.com域内优先级高的邮件服务器地址，值越小优先级越高。

⑧ 为iss.com区域建立泛域名解析记录。选中区域iss.com，右击选中新建主机，主机名设置为*，匹配任意主机名，IP地址设置为220.178.74.88，然后单击"添加主机"按钮，添加主机名*和IP地址220.178.74.88的映射记录。

注意：利用通配符"*"来匹配.iss.com的次级域名以实现所有的次级域名均指向同一IP地址。

（5）实验验证：

① 在客户机的TCP/IP上网参数中设置DNS服务器IP地址为自己配置的DNS服务器IP地址。

② 打开客户端DOS命令行窗口，在DOS提示符后输入nslookup命令，再按【Enter】键，进入交互式状态。

③ 测试主机记录A。输入server.abc.com、mail1.sss.com和mail2.sss.com，测试DNS服务器能否返回FQDN的IP地址。

④ 测试别名记录CNAME。输入www.abc.com和ftp.abc.com别名，测试DNS服务器能否返回别名的IP地址。

⑤ 测试邮件交换记录MX。输入set type=mx并按【Enter】键，再输入sss.com，测试邮件交换记录MX能否被解析，以及是否返回MX记录优先级高的IP地址。

⑥ 测试泛域名解析。输入a.iss.com、w12.iss.com，或以iss.com结尾的FQDN，测试能否返回同一IP地址。

⑦ 输入DNS服务器中没有创建的资源记录，如www.2345.com或www.baidu.com，测试能否被解析。为什么？（保证DNS服务器访问外网）

注意：DNS服务器不能授权完成的FQDN解析，可通过DNS服务器根提示中设置的根DNS服务器地址，代理客户端把FQDN发送给根DNS进行解析。

⑧ 用ipconfig /displaydns查看缓存中存在的DNS记录，用ipconfig /flushdns命令清除缓存中临时保存的记录，再查看缓存中的记录。

（6）实验思考：

① DNS服务器可配置转发器地址，如果设置转发器IP地址为114.114.114.114，那么DNS服务器不能直接完成解析的FQDN，是通过根提示完成解析，还是通过选择转发器完成解析？

② DNS服务器中的资源记录类型有哪些？

③ DNS配置中正向查找区域或反向查找区域有什么含义？

④ DNS配置中主要区域和辅助区域有什么含义？

14.4　Web 服务

14.4.1　Web 服务概述

Web服务也称WWW服务，是Internet上最基本、最重要的网络服务。Web服务通过网站来发布信息，网站是网页或应用程序的有机集合，以集中的方式来存储和管理要发布的信息，以页面的形式发布信息供用户通过浏览器程序浏览。它起源于1989年3月，由欧洲量子物理实验室所发展出来的主从结构分布式超媒体系统。通过万维网人们只要通过使用简单的方法，就可以很迅速方便地取得丰富的信息资料。

14.4.2　Web 服务通信模式

Web服务使用B/S模式完成页面信息交互。浏览器进程和Web服务进程在通信时使用应用层HTTP的约定和规则完成。在Internet上的Web服务器上存放的都是超文本信息，客户机需要通过HTTP协议传输所要访问的超文本信息。它可以使浏览器更加高效，使网络传输减少，它不仅保证计算机正确快速地传输超文本文档，还确定传输文档中的哪一部分，以及哪部分内容首先显示等，如文本先于图形显示。如图14-8所示，浏览器进程和Web服务进程通信过程如下：

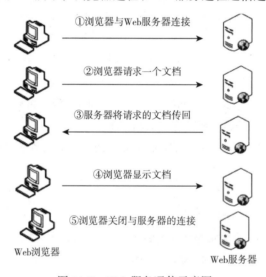

①浏览器与Web服务器连接

②浏览器请求一个文档

③服务器将请求的文档传回

④浏览器显示文档

⑤浏览器关闭与服务器的连接

Web浏览器　　　　　　　　　　　　　　　Web服务器

图 14-8　Web 服务通信示意图

（1）服务端Web服务进程在80端口监听客户端请求；客户端浏览器进程向服务端Web服务进程发送一个TCP连接请求消息，Web服务进程在负载允许下响应一个连接确认消息，TCP连接建立，并维持连接。

（2）浏览器进程发送一个HTTP请求消息给Web服务进程，用于请求一个页面文件。

（3）Web服务进程响应请求，通过HTTP协议把站点默认页面文件传输到客户端。

（4）浏览器进程打开页面文件，显示页面信息。

（5）浏览器进程和Web服务进程释放建立的TCP连接。

14.4.3　统一资源定位符

在浏览器地址栏里输入的网址称为统一资源定位符（Uniform Resource Location，URL），就像每家每户都有一个门牌地址一样，Internet上的每个网页也都有唯一的Internet地址。当在浏览器的地址框中输入一个URL或是单击一个超链接时，URL就确定了要浏览的地址。浏览器通过超文本传输协议将Web服务器上站点的网页代码提取出来，并翻译成网页。URL可理解为获取一个Internet上网页的完整地址，一般由协议、主机完整域名或主机IP地址、端口号、文件路径及文件名等组成，可表示为：

协议://主机完整域名:端口号/网页文件路径/文件名

但是，URL的默认传输协议为HTTP，此协议默认访问端口为80，同时网站配置设置了主目录和默认页面文件，所以URL书写往往省略了传输协议、端口号和网页文件路径和文件名。例如，简写的URL：www.baidu.com。

14.4.4　Web 服务软件和服务器操作系统

在UNIX和Linux平台下使用最广泛的是Apache服务软件，而Windows系列使用IIS服务组件。在选择使用Web服务软件应考虑的因素有性能、安全性、日志和统计、虚拟主机、代理服务器、缓冲服务和集成应用程序等。

Microsoft的Web服务器产品为Internet Information Services，简称IIS，IIS 是允许在公共Intranet或Internet上发布信息的Web服务器。IIS是目前最流行的Web服务器产品之一，很多著名的网站都是建立在IIS的平台上。IIS提供了一个图形界面的管理工具，称为Internet服务管理器，可用于监视配置和控制Internet服务。

Apache是世界使用排名第一的Web服务器软件，它可以运行在几乎所有广泛使用的计算机平台上，由于其跨平台和安全性被广泛使用，成为最流行的Web服务器端软件之一，市场占有率达60%左右。世界上很多著名的网站都是Apache的产物，它的成功之处主要在于它具有以下优点：源代码开放，有一支开放的开发队伍，支持跨平台的应用，可以运行在几乎所有的UNIX、Windows、Linux系统平台以及高可移植性。

14.4.5　Web 服务配置实验

（1）实验目的：

① 通过实训进一步理解Web服务的功能和相关概念。

② 掌握用Windows Server 2008 R2系统自带组件IIS 7.0搭建静态网站。

③ 使用IIS的虚拟主机技术在一台服务器建立多个Web网站。

（2）实验环境：

① 物理机一台作为宿主机，安装VMware Workstation 12.0虚拟机软件构建两台虚拟机，虚拟机中安装Windows Server 2008分别作为Web服务器和DNS服务器，设置虚拟机和宿主机通信模式为仅主机模式，在宿主机上启用VMnet1虚拟网卡。

② Web服务软件使用Windows Server 2008系统内置的IIS服务组件。

视频 ●••••••

基于Windows
Server 2008
系统默认网站
配置（1）

视频 ●••••••

基于Windows
Server 2008系
统虚拟主机技
术配置两个静
态网站（不同
端口）（2）

视频 ●••••••

基于Windows
Server 2008系
统子网站配置
（3）

（3）实验参数：

① 虚拟机1（Web服务器）IP地址：192.168.218.1/24，主机完全合格域名（FQDN）为www.afc.edu.cn。

② 虚拟机2（DNS服务器）IP地址：192.168.218.10/24，为客户端用www.afc.edu.cn访问Web服务器做域名解析。

③ 宿主机（客户端）VMnet1网卡的IP地址等参数：192.168.218.100/24，DNS服务器地址设置为192.168.218.10，也可以根据自己的网络环境自行规划配置参数。

（4）实验步骤：

① 按给定的参数配置虚拟机和宿主机网卡的IP地址和子网掩码等参数，并验证彼此能ping通对方。

② 安装IIS服务软件。通过任务栏服务器管理器图标，打开窗口，选中角色，添加角色，选中Web服务器，按向导完成安装。

③ 通过开始→管理工具→Internet信息服务管理器菜单命令，打开配置管理器，单击+号展开所有选项。

任务一：配置默认存在的Default Web Site站点。

① 选中Default Web Site站点，通过右侧的绑定功能设置网站标识，IP地址为服务器IP地址192.168.218.1，端口默认80，主机头名为空。

② 选择基本设置，打开对话框，通过物理路径来设置网站主目录，自己规划主目录路径和名称。

③ 通过默认文档功能，新建默认文档，即客户端第一次访问网站主目录指定默认被下载的页面文件。

④ 在主目录中发布做好的网页文件，其中必须有一个网页文件名和默认文档设置的文件名相同。

⑤ 验证：在客户端通过http://192.168.218.1访问网站。

任务二：新建一个网站。

① 选中网站，右击，添加网站，打开对话框，添加网站名称myweb。

② 自己规划主目录路径。

③ 设置绑定标识，协议类型HTTP，IP地址不变，端口号设置为8080，区别Default Web Site站点的端口，主机头名为空。

④ 在主目录中发布网站资源，添加网页文件到主目录。

⑤ 通过默认文档功能，指定主目录中一个网页文件作为默认文档被客户端下载。

⑥ 验证：在客户端通过http://192.168.218.1:8080访问网站。

注意：使用虚拟主机技术实现在一台计算机上搭建多个网站，即相当于把一台计算机虚拟成多台计算机，每台虚拟计算机上都可以搭建一个网站。利用IP地址、端口号和主机头名三种标识不同组合来识别不同的虚拟主机从而识别不同网站。有三种方式可以实现：

① 相同IP地址，主机头名为空，不同端口号来运行多个网站。任务二使用此方法建立两个网站。

② 相同TCP端口号为80，主机头名为空，不同IP地址搭建两个网站。

③ 相同TCP端口号80和IP地址，不同的主机头名来绑定多个网站，这是首选的虚拟主机技术。

任务三：用主机完全合格域名访问网站。

① 配置DNS服务器，建立区域afc.edu.cn，选中区域afc.edu.cn添加主机名www和192.168.218.1的映射记录到DNS服务器。

② 客户端DNS服务器地址设置为192.168.218.10。

③ 验证：客户端通过http://www.afc.edu.cn和http://www.afc.edu.cn:8080访问两个网站。

任务四：用不同主机名标识不同网站。

在任务二和任务三的基础上，进行以下设置：

① 选中Default Web Site站点，通过右侧的绑定功能编辑网站标识，编辑Default Web Site站点标识中的主机名为www1.site.com，端口设置为80，IP地址不变。

② 选中myweb站点，通过右侧的绑定功能编辑网站标识，编辑myweb站点标识中的主机名为www2.site.com，端口设置为80，IP地址不变。

③ 配置DNS服务器，建立区域site.com。

④ 在区域site.com中添加主机名www1和IP地址192.168.218.1的A映射记录。

⑤ 在区域site.com中添加主机名www2和IP地址192.168.218.1的A映射记录。

⑥ 实验验证：用不同主机名www1.site.com和www2.site.com访问两个不同站点。

注意：网站设置了主机名就不能用IP地址直接访问网站。

（5）实验思考：

① 让一个静态网站运行最基本的配置有哪些？

② 网站的标识由哪些构成？

③ 虚拟主机技术的作用是什么？怎么实现？

④ 设置网站的主目录和默认首页文件的作用是什么？

14.5　FTP 服务

14.5.1　FTP 概述

FTP（File Transfer Protocol）中文译为文件传输协议，是TCP/IP协议栈中应用层最重要协议之一，基于C/S工作模式，实现两台计算机之间文件的高速可靠传输。两台计算机分别称为FTP服务器和FTP客户机，FTP服务器集中提供和管理资源，客户机可通过FTP协议下载服务器的资源。用户经过身份验证满足一定权限时，FTP客户机也可上传资源到服务器。FTP服务器和客户机可以位于不同的网络中，使用不同的操作系统，但一般在同一局域网中使用FTP服务更高效快速。FTP服务可以提供高速下载站点，在不同类型计算机之间传输文件，组建文件服务器，实现远程网站维护和更新。

14.5.2　FTP 工作原理

FTP服务采用C/S模式，FTP服务器有两个熟知端口21和20。端口21对应的是控制连接进程，用来和客户连接进程交互信息建立TCP连接，维持连接状态及最后释放TCP连接；端口20对应的是数据传输进程，用来和客户进程传输数据，但服务进程也可以用随机端口传输数据。FTP服务相应的两个客户进程由操作系统临时动态分配端口号。具体通信过程如图14-9所示。

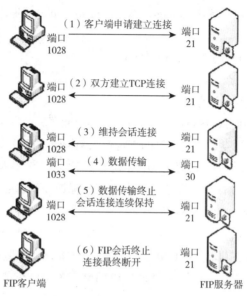

（1）客户端申请建立连接 端口1028 → 端口21

（2）双方建立TCP连接 端口1028 ↔ 端口21

（3）维持会话连接 端口1028 ↔ 端口21
（4）数据传输 端口1033 ↔ 端口30

（5）数据传输终止 会话连接连续保持 端口1028 ↔ 端口21

（6）FIP会话终止 连接最终断开 端口21

FIP客户端　　　　　　　　　　　FIP服务器

图 14-9　FTP 服务通信示意图

（1）FTP服务器的控制连接进程在21端口监听客户端连接请求，FTP客户连接进程使用临时端口1028向FTP控制连接进程发送一个TCP连接请求消息；FTP控制连接进程通过端口21在负载允许下响应一个连接确认消息，TCP连接建立。

（2）FTP客户连接进程和FTP控制连接进程维持TCP会话连接。

（3）FTP客户数据进程通过临时端口1032和FTP数据传输进程端口20建立数据传输连接，并通过数据通道传输数据。

（4）数据传输结束，释放数据传输连接通道。

（5）释放TCP会话连接。

14.5.3　FTP 服务的主动方式和被动方式

FTP是一个比较特殊的服务，使用传输层面向连接的可靠TCP协议建立FTP客户端和服务器通信的控制连接通道和数据传输通道，同时FTP服务器端使用21和20两个端口。21端口标识服务器端控制连接进程，控制通道传输客户端向服务器端发送的操作命令和服务器返回的应答信息；20端口表示服务器端数据传输进程，数据通道传输服务器和客户端的文件和文件列表数据。但FTP服务对数据传输是否使用20端口根据服务器和客户机网络部署和安全规划具有可选性，所有FTP协议有两种工作方式：主动方式和被动方式。

（1）主动方式是指在控制通道建立后，客户端向服务器端发送PORT（IP Addr，N1，N2）命令，IP Addr表示客户机IP地址，N1和N2参数告诉服务器传输数据客户端使用的临时端口号为表达式$N1 \times 256 + N2$的值，设为Pc，服务器端在传输数据时使用20端口主动发起到客户端Pc端口的数据连接，完成数据传输，服务器在数据通道建立时处于主动方式。

（2）被动方式又称PASV方式，是指在控制通道建立后，客户端向服务器端发送PASV命令，宣告下面数据传输进入被动方式，服务器收到PASV命令，返回的响应信息为entering passive mode（IP Addr，N1，N2），IP Addr表示服务器IP地址，N1和N2参数告诉客户端传输数据服务器端使用的临时端口号为表达式N1×256+N2的值。设为Ps。客户端在传输数据时用操作系统临时分配的大于1024端口号主动发起到服务器端Ps端口的数据连接，完成数据传输，服务器在数据通道建立时处于被动方式。

（3）两种方式下安全分析。两种模式传输数据时服务器端使用的端口不同，主动方式开启服务器的21和20端口，而被动方式需要开启服务器所有大于1024端口号的TCP高端口和21端口。

① 主动方式适合部署在内网的FTP服务器对外网提供服务，因为内网出口处安装的防火墙一般会屏蔽外网客户机主动发起到服务器的数据连接请求，而不会屏蔽服务器发起到外网的连接请求。外网客户机通过主动方式下的port命令，把传输数据端口通知服务器，客户机在此端口监听，等待内网FTP服务器从20端口主动发起到外网的数据连接请求完成数据传输通道建立。

② 被动方式适合内网客户机主动访问外网的FTP服务器，因为内网出口处安装的防火墙或客户机自己安装的防火墙会屏蔽外网FTP服务器主动发起到内网或客户机的数据连接请求。内网客户机通过发送pasv命令到服务器，服务器通过应答信息把数据传输的高端口通知客户机，服务器在此端口监听，客户机主动发起从内网到外网FTP服务器高端口的数据连接请求完成数据传输通道建立。

③ 从网络安全的角度分析，通过主动方式使用熟知端口20进行传输数据，黑客容易使用一些抓包工具窃取FTP数据，获得数据中的敏感信息，造成安全威胁，因此使用PASV方式来架设FTP服务器是比较安全的选择。但PASV需要开启服务器大于1024的所有TCP高端口，对服务器来说存在安全隐患。可通过防火墙的状态检测功能，检测到客户端连接FTP服务器的21端口，就允许数据传输进程使用FTP服务高端口，其他方式是无法打开到FTP服务高端口的通道。通过状态检测防火墙就可以保证FTP服务高端口只对FTP服务开放。

14.5.4 FTP 配置实验

（1）实验目的：
① 通过实训进一步理解FTP服务的功能和相关概念。
② 掌握用Windows Server 2008系统自带组件IIS 7.0搭建FTP站点。
③ 使用IIS的虚拟主机技术在一台服务器建立多个FTP网站。

（2）实验环境：
① 物理机一台作为宿主机，安装VMware Workstation 12.0虚拟机软件构建两台虚拟机，虚拟机中安装Windows Server 2008 R2分别作为Web服务器和DNS服务器，设置虚拟机和宿主机通信模式为仅主机模式，在宿主机上启用VMnet1虚拟网卡。
② FTP服务软件使用Windows Server 2008系统内置的IIS服务组件。

（3）实验参数：
① 虚拟机1（FTP服务器）IP地址：192.168.218.1/24，主机完全合格域名（FQDN）为ftp.afc.edu.cn。
② 虚拟机2（DNS服务器）IP地址：192.168.218.10/24，为客户端用ftp.afc.edu.cn访问FTP站点做域名解析。

视频
基于Windows Server 2008仅特定用户访问ftp配置（1）

视频
基于Windows Server 2008系统仅匿名访问ftp配置（2）

③ 宿主机（客户端）VMnet1网卡的IP地址参数：192.168.218.100/24，DNS服务器地址设置192.168.218.10，也可以根据自己的网络环境自行规划配置参数。

（4）实验步骤：

① 按上面给的参数配置虚拟机和宿主机网卡的IP地址和子网掩码等参数，并验证彼此能否ping通对方。

② 安装IIS服务软件。通过任务栏服务器管理器图标，打开窗口，选中角色，添加角色，选中IIS组件，按向导完成安装。

③ 通过开始→管理工具→Internet信息服务管理器菜单命令，打开配置管理器，单击+号展开所有选项。

任务一：新建第一个FTP站点。

① 选中网站，右击，选择添加FTP站点，打开对话框，设置FTP站点名称为myftp1。

② 通过内容目录中的文本框设置FTP站点发布资源的主目录路径。

③ 单击"下一步"按钮，通过下一个对话框设置绑定标识，IP地址为服务器IP地址，端口号默认为21，不启用虚拟主机名，SSL选择无。

④ 单击"下一步"按钮，通过下一个对话框设置身份验证为仅匿名方式；在授权文本框中设置匿名访问用户有基本的读取权限，然后单击"完成"按钮。

⑤ 在站点主目录中发布资源。

⑥ 验证匿名访问：在客户端通过ftp://192.168.218.1匿名访问myftp1站点。

任务二：新建第二个FTP站点。

① 选中网站，右击，选择添加FTP站点，打开对话框，设置FTP站点名称为myftp2。

② 通过内容目录中的文本框设置FTP站点发布资源的主目录路径。

③ 单击"下一步"按钮，通过下一个对话框设置绑定标识，IP地址为服务器IP地址，端口号默认为2121，不启用虚拟主机名，SSL选择无。

注意：采用虚拟主机技术中的不同端口号与一台服务器上不同FTP站点的区别。

④ 单击"下一步"按钮，通过下一个对话框设置身份验证仅基本方式；在"授权"文本框中设置指定用户zhang对主目录资源有读取和写入权限，然后单击"完成"按钮。

⑤ 选中myftp2站点，单击右边操作中的编辑权限，在打开的对话框中单击"安全"按钮，通过编辑权限→添加，在输入对象名称来选择文本框中，输入本地用户名zhang，单击"确定"按钮；再选中组和用户名中的zhang用户，在权限文本框中增加勾选修改权限。

注意：指定某个用户访问FTP站点主目录资源的权限为FTP站点权限和系统权限两者的交集，即取两者最小权限。上述编辑权限就是设置系统权限，通过文件系统功能来控制用户对主目录访问权限。经过步骤④和⑤设置，用户zhang对站点主目录资源才有修改权限。

⑥ 通过单击任务栏的服务器管理器，打开对话框，双击配置展开，双击本地用户和组，双击用户，在右侧右击，单击新用户，在对话框中创建新用户zhang，设置密码，去掉用户下次登录须更改密码的对钩。

注意：通过开始→管理工具→本地安全策略→账户策略→密码策略，选中密码必须符合复杂性要求，右击并选择"属性"命令，选择已禁用，这样可以为用户设置简单密码。

⑦ 在站点主目录中发布资源。

⑧ 验证基本访问：在客户端通过ftp://zhang@192.168.218.1:2121访问myftp2站点；验证zhang用户的修改权限，包括客户端上传、主目录下新建子目录、删除自己上传文件和已有文件。

任务三：修改身份验证和授权规则。

① 选中myftp2站点，双击右侧FTP身份验证，选中匿名身份验证，启用匿名身份验证。

② 选中myftp2站点，双击右侧FTP授权规则，在打开界面中通过单击添加允许规则，打开对话框，允许所有匿名用户有读取权限。

③ 验证基本访问：在客户端通过ftp://zhang@192.168.218.1:2121访问myftp2站点。

④ 验证匿名访问：在客户端通过ftp://192.168.218.1:2121访问myftp2站点。

任务四：用主机完全合格域名访问FTP站点。

① 配置DNS服务器，建立区域afc.edu.cn，选中区域中添加主机名ftp和192.168.218.1的A映射记录到DNS服务器。

② 客户端DNS服务器地址设置为192.168.218.10。

③ 验证：客户端通过ftp://ftp.afc.edu.cn访问myftp1站点。

④ 验证：客户端通过ftp://ftp.afc.edu.cn:2121和ftp://zhang@ftp.afc.edu.cn:2121访问myftp2站点。

（5）实验思考：

① 配置FTP站点关键设置有哪些？

② 访问FTP站点URL特点？

③ FTP服务和文件共享服务的区别是什么？

④ FTP服务和HTTP服务的区别是什么？

⑤ 利用FTP管理Web网站的实质是什么？

小　结

✦ DHCP服务为启用自动获得IP地址的客户端分配上网参数，DHCP服务提供了IP地址使用效率，为移动的终端和主机分配不同网络内的IP地址。

✦ 域名是网络系统的形象名称，主机完全合格域名（FQDN）是网络中一个提供服务的主机访问地址；DNS服务是互联网最基本最重要的服务，为客户端使用FQDN访问服务主机提供域名解析服务。

✦ Web服务是互联网最重要的服务之一，通过网页形式提供信息浏览服务；基于Windows服务器操作系统的IIS和基于Linux操作系统的Apache应用软件可实现Web服务。

✦ FTP协议实现两台通信计算机之间高效传输文件的服务，通过控制进程对应端口21响应客户端请求，数据传输进程对应端口20传输数据，也可选择随机端口传输数据。

习　题

一、选择题

1. Web 服务的熟知端口（　　　）。

A. 21　　　　　　　B. 80　　　　　　　C. 53　　　　　　　D. 25

2. uk 顶级域名表示（　　）。

　　A. 英国　　　　　　B. 加拿大　　　　　C. 德国　　　　　　D. 美国

3. 下列不是服务器操作系统的是（　　）。

　　A. Linux　　　　　　　　　　　　　　B. UNIX

　　C. Windows Server 2008 R2　　　　　D. Mac OS

4. 下列选项（　　）是 DNS 服务使用的端口号。

　　A. 25　　　　　　　B. 10　　　　　　　C. 143　　　　　　　D. 53

5. DHCP 服务配置中建立客户保留应该知道客户端的（　　）。

　　A. IP 地址　　　　B. MAC 地址　　　C. IP 地址和 MAC 地址 D. IP 地址或 MAC 地址

6. DNS 客户端解析程序进行域名解析，首先（　　）。

　　A. 检查本机 hosts 文件　　　　　　　B. 发送域名请求到本地 DNS 服务器

　　C. 检查本机 DNS 客户缓存　　　　　D. 发送域名请求到根 DNS 服务器

7. DNS 协议是关于（　　）的协议。

　　A. 邮件传输　　　　B. 域名解析　　　C. 超文本传输　　　D. 网络新闻组传输

8. 在因特网域名中，.gov 通常表示（　　）。

　　A. 商业组织　　　　B. 教育机构　　　C. 政府部门　　　D. 军事部门

9. TCP 和 UDP 一些端口保留给一些特定的应用使用，为 FTP 协议保留的端口号为（　　）。

　　A. TCP 的 80 端口　B. UDP 的 8000 端口　C. TCP 的 21 端口　D. UDP 的 25 端口

10. 某 Internet 主页的 URL 地址为 http://www.csai.com.cn/product/index.html，该地址的域名是（　　）。

　　A. .com.cn　　　B. .csai.com.cn　　　C. www.csai.com.cn　　D. http://www.csai.com.cn

11. 以下错误的 URL 是（　　）。

　　A. http://netlaB. abC. edu.cn　　　　B. ftp://netlaB. abC. edu.cn

　　C. https://netlaB. abC. edu.cn　　　　D. unix://netlaB. abC. edu.cn

12. www.ncie.gov.cn 是 Internet 中主机的（　　）。

　　A. 用户名　　　　　　　　　　　　B. 密码

　　C. 别名　　　　　　　　　　　　　D. FQDN（完全合格主机域名）

13. 用来清空 DNS 客户端缓存的命令是（　　）。

　　A. ipconfig /all　　B. ipconfig /displaydns　C. iIpconfig /flushdns　D. ipconfig

14. 用来释放 DHCP 客户端的 IP 地址的命令是（　　）。

　　A. ipconfig /all　　B. ipconfig /release　　C. ipconfig /renew　　D. ipconfig

二、简答题

1. 从打开浏览器在地址栏输入 http://www.baidu.com 主机完全合格域名到在浏览器中看到网站首页内容的整个过程，需要在网络上存在什么网络服务？简述此通信过程。

2. 简述 FTP 服务的 20 和 21 端口区别。

3. 简述 DHCP 服务的功能和优势。

习 题 答 案

第1章 习题答案

一、选择题

1.B 2.D 3.A 4.D 5.C 6.D 7.B 8.A

二、简答题（略）

第2章 习题答案

一、选择题

1.D 2.A 3.B 4.B 5.D 6.A 7.B

8.C 9.C

二、简答题（略）

第3章 习题答案

选择题

1.ABC 2.CD 3.B 4.A 5.ABC

6.AB 7.B 8.A 9.D 10.A

第4章 习题答案

选择题

1.ABCD 2.C 3.B 4.B 5.B

第5章 习题答案

选择题

1.ABCD 2.A 3.ABD 4.A 5.C

第6章 习题答案

选择题

1.CD 2.AB 3.ABCDE 4.ABCD

第7章 习题答案

一、选择题

1.B 2.C 3.D 4.A 5.B 6.C 7.B

8.A 9.D 10.D 11.D 12.A 13.A

14.A 15.B

16.ABCD 17.D

二、计算题（略）

第8章 习题答案

选择题

1.ABCD 2.ABC 3.ABCD 4.C 5.B

6.A 7.ABC 8.AB 9.AB 10.C

第9章 习题答案

选择题

1.CD 2.ABCD 3.BC 4.ABC 5.AB

第10章 习题答案

选择题

1.D 2.A 3.ABD 4.ABCD 5.C

第11章 习题答案

选择题

1.B 2.D 3.B 4.AC

第12章 习题答案

一、选择题

1.C 2.D 3.B 4.B 5.B 6.A 7.B 8.C

二、简答题（略）

第13章 习题答案

选择题

1.AB 2.A 3.B 4.D 5.ABC 6.BCD

第14章 习题答案

一、选择题

1.B 2.A 3.D 4.D 5.B 6.A 7.B

8.C 9.C 10.B 11.D 12.D 13.C

14.B

二、简答题（略）

参 考 文 献

[1] 孙良旭. 路由交换技术[M]. 北京：清华大学出版社，2010.

[2] 谭营军，娄松涛. 路由交换技术[M]. 北京：机械工业出版社，2017.

[3] 李强，尤小军. 计算机网络基础[M]. 北京：高等教育出版社，2016.

[4] 汪双顶，王健，杨剑涛. 计算机网络基础[M]. 北京：高等教育出版社，2019.

[5] 拉默尔. CCNA学习指南（第7版）[M]. 袁国忠，徐宏，译. 北京：电子工业出版社，2015.